PETITES LEÇONS

DU GRAND-PAPA

PAR

M. PAULIN TEULIÈRES

PROFESSEUR DE SCIENCES NATURELLES

PARIS

LIBRAIRIE CLASSIQUE DE PAUL DUPONT

Rue de Grenelle Saint-Honoré, nº 45

1865

PRÉFACE

Nous avons choisi l'étude des quatre saisons comme une sorte de vestibule, qui s'ouvre effectivement vers toutes les sciences naturelles et les fait communiquer entre elles par mille points. Nous avons pu passer ainsi librement de l'une à l'autre, pour donner à notre dialogue une suffisante variété, sans en altérer toutefois ni le caractère ni le plan.

Un livre écrit pour les enfants doit être élémentaire, c'est-à-dire scientifique avec mesure

et simple sans vulgarité. Il doit appeler et retenir leur attention par un certain attrait dans
la forme comme dans le fond ; et, ne leur
offrant que des connaissances assorties à leur
âge, il doit s'en bien faire comprendre sans
fatigue et presque sans effort. L'œuvre est difficile. Si pourtant nous essayons ici de l'accomplir,
c'est que nous y sommes aidé par le privilége du
sujet lui-même, qui, plus que tout autre, unissant
l'agréable à l'utile, peut le mieux répondre à
l'instinctive curiosité de l'enfant. Quant à la
condition d'être vraiment *élémentaire*, nous
pensons qu'il ne faut point abaisser la significa-
tion de ce mot ; car le jeune élève se fait assez
vite aux idées nettes et au style précis, comme
il se fait sans peine au bonnes manières, quand
il en trouve l'exemple autour de lui.

Du reste, notre dialogue procède par voie de
raisonnement et, pour ainsi dire, au pas de
l'analyse. S'il s'arrête quelquefois à des questions

qui paraissent éloignées, il ne quitte pas cependant son mouvement rectiligne; pas plus que le voyageur ne change de direction , parce qu'il fait sur la route une pause afin de contempler un site gracieux ou bien un riche paysage ; pas plus que le botaniste ne dévie de son herborisation, parce qu'en recueillant ses fleurs, il recueille aussi le cristal précieux ou l'insecte intéressant qu'il rencontre. Terminons par le point personnel, qui est toujours le plus délicat.

Si, pour faire un livre utile aux enfants, il suffisait d'avoir pour eux respect et affection, nous serions rassuré sur le sort de notre ouvrage ; mais bien d'autres conditions évidemment sont nécessaires, et c'est de ce côté que l'inquiétude doit nous venir. Cependant nous espérons que ce petit livre, protégé sans doute par la bienveillance acquise à ses deux aînés, se conciliera quelque sympathie parmi les institutrices et les instituteurs, qui connaissent, par expérience, toutes les difficultés de l'enseignement. Leur suffrage, ainsi réitéré, serait pour nous non-seulement une force, mais encore une récompense, à laquelle nous attacherions, comme professeur, le plus haut prix.

PREMIÈRES CONNAISSANCES

CHAPITRE Ier

L'HIVER

L'enfant. — Grand-papa, que l'Hiver est une vilaine et pauvre saison ! Comme il dépare et gâte la Nature, que le Printemps, l'Été, l'Automne rendent, au contraire, et si riche et si belle!

Le grand-papa. — Prends garde, mon enfant ; et d'abord sache bien qu'en présence des œuvres de Dieu, l'homme ne peut qu'admirer ou se taire : admirer, s'il parvient à comprendre ; se taire, s'il n'y parvient pas. En effet, la sagesse divine dispose tout avec nombre, poids et mesure. Tout, dans la Nature, a sa place, son office et son temps. L'utile et le beau s'y montrent toujours alliés, mais diversement assortis, afin d'exclure une monotone uniformité. Si parfois tous deux se balancent en égale proportion, le plus souvent l'un ou l'autre prédomine plus ou moins. Prenons pour exemple les quatre saisons, dont tu viens de parler. Tandis que l'Été présente à la fois beaucoup de fleurs et beaucoup de fruits, le Printemps a beaucoup plus de fleurs que de fruits, l'Automne a beaucoup plus de fruits que de fleurs, et l'Hiver n'a, pour ainsi dire, ni fleurs ni fruits.

L'enfant. — Il me semble, grand-papa, que l'Hiver est précisément fort mal partagé, car il n'a pas le moindre agrément et je ne lui vois aucune utilité.

Le grand-papa. — Mon enfant, j'espère bien te corriger d'un défaut ordinaire à ton âge, qui se laisse emporter à ses premières impressions et qui juge souvent sans avoir réfléchi : on calomnie l'Hiver quand on l'accuse d'indigence, et l'on méconnaît étrangement ses immenses services quand on lui reproche de n'être pas plus utile qu'il n'est gracieux. Chaque saison porte un caractère qui lui est propre ; celui de l'Hiver n'est pas d'être agréable et orné, mais d'être économe et réparateur.

L'enfant. — Combien je vous remercie, grand-papa, de venir au secours de mon ignorance ; car, pour moi, l'Hiver n'était dans l'année que la triste période du froid, de la neige et du vent.

Le grand-papa. — Prends garde encore, mon enfant; car tu commettrais une singulière erreur si tu attachais une idée défavorable au froid, à la neige et au vent. Ce sont les trois fonctionnaires de l'Hiver, et c'est merveille de voir comme chacun d'eux intervient à propos pour prendre sa part dans l'œuvre commune.

Or, pour mieux les suivre dans leur rôle respectif, notons que les plantes ont besoin, comme nous, de se nourrir, et que la terre est leur garde-manger.

L'enfant. — Je croyais que la terre nourrissait les plantes.

Le grand-papa. — Elle leur sert de réfectoire et de support, mais elle ne les nourrit pas de sa propre substance. Au contraire, quand les matières terreuses pénètrent dans une plante, elles la vieillissent et même la font périr, parce qu'elles encombrent les canaux délicats où la séve doit librement circuler.

L'Hiver, t'ai-je-dit, est économe. N'ayant à produire ni fruits ni fleurs, il fait détruire par le froid la plupart des plantes et, dans les autres, arrêter toute nutrition, tout développement. C'est ainsi qu'il restreint notablement la consommation des substances destinées à l'alimentation des plantes, et comme les plantes, à leur tour, doivent alimenter les animaux, le froid, qui diminue le nombre des plantes, diminue proportionnellement le nombre des animaux. Aussi le règne animal présente-t-il des faits correspondants à ceux du règne végétal. Les animaux inférieurs, en particulier les insectes, périssent presque tous, et beaucoup d'autres tombent en léthargie, c'est-à-dire dans un engourdissement général qui suspend en eux les fonctions de la vie. Seuls, les animaux supérieurs résistent plus ou moins, parce qu'ils ont la faculté de produire par eux-mêmes une suffisante quantité de calorique ou chaleur.

L'enfant. — Grand-papa, je voudrais vous

écouter toujours sans jamais vous interrompre; mais, comme vous m'avez recommandé de vous dire ingénûment mes difficultés, mes sentiments et mes doutes, je vous avoue ne pas comprendre comment ces animaux peuvent résister au froid excessif, car ils n'ont pas, comme nous, des calorifères.

Le grand-papa. — Mon enfant, tout est prévu pour leur conservation et même pour leur bien-être. D'abord, ils sont d'autant plus chaudement habillés qu'ils doivent être soumis à des températures plus rigoureuses; ensuite, ils trouvent dans leur instinct des ressources, des artifices qui étonnent le naturaliste et manifestent la puissance infinie et l'infinie bonté du Créateur.

L'enfant. — Grand-papa, vous m'avez dit l'autre jour que la chauve-souris et l'hirondelle ne se nourrissent que d'insectes; alors comment peuvent-elles se nourrir durant l'hiver, puisqu'il n'y a plus d'insectes?

Le grand-papa. — Pour l'hirondelle comme pour la chauve-souris, le problème est parfaitement résolu, mais d'une manière bien différente.

L'hirondelle profite de la vélocité de son aile pour se rendre bien vite dans les pays chauds, par exemple en Afrique, où les insectes ne manquent jamais ; et elle n'en revient qu'avec le Printemps, dont elle est pour nous la gracieuse messagère. Le problème est, pour la chauve-souris, beaucoup plus compliqué. Son aile, destinée à remplir plus d'un office, ne lui permet pas de lointains voyages. La chauve-souris, ne pouvant émigrer comme l'hirondelle, se réfugie dans le sommeil, pour n'avoir pas besoin de se nourrir, et, pour éviter le froid, elle se choisit un gîte en de profondes retraites où l'abaissement de la température n'est jamais excessif. Ces cavernes sont comme nos caves, qui, sans avoir pourtant une grande profondeur, conservent en Hiver une température assez douce.

L'enfant. — Un sommeil qui dure plusieurs mois me paraît fort extraordinaire.

Le grand-papa. — Toutefois, puisqu'il est régulièrement périodique, il doit répondre à quelque exigence particulière, être soumis à quelque loi. Notons d'abord que le sommeil de la chauve-souris n'est pas tellement profond

qu'il ne puisse être accidentellement inter-
rompu. Ainsi la chauve-souris se réveille et
voltige en deux circonstances toutes contraires,
c'est-à-dire quand la température s'adoucit
beaucoup, ou bien quand le froid devient excessif.
Dans le premier cas, l'animal rentre en activité
pour se nourrir des quelques insectes que la
chaleur a remis aussi en mouvement; dans le
second cas, pour échapper à la congélation en
cherchant un lieu mieux abrité. Ce sommeil
annuel et léthargique s'appelle hivernation, et
suspend presque complétement, t'ai-je dit, les
fonctions vitales.

L'enfant. — En cet état, la chauve-souris
doit bien souffrir!

Le grand-papa. — Pas plus que tu ne souffres
toi-même quand tu t'endors. Seulement le sommeil hivernal va beaucoup plus loin que le sommeil ordinaire : je dois même ajouter que, dans
un grand nombre d'animaux, par exemple, dans
les reptiles, le froid produit un engourdissement général si voisin de la mort qu'il est bien
difficile de constater où la vie persiste encore :
tant l'animal est insensible, immobile et froid !

L'enfant. — Mais quel est donc le motif de cet étrange phénomène? Vous m'avez dit, je crois, qu'il répond à quelque exigence particulière.

Le grand-papa. — Oui, mon enfant. L'Hiver, je te l'ai déjà dit, est une saison économe; pour économiser les ressources de la terre, il arrête les fonctions végétatives dans les plantes et suspend les fonctions vitales dans un grand nombre d'animaux. Nous pouvons même appliquer ici une loi : c'est que plus l'animal est à sang froid, c'est-à-dire moins il peut produire de calorique, plus il est subordonné dès lors à l'action du froid. En effet, l'Hiver tue les animaux inférieurs, je te l'ai déjà dit, et frappe les autres d'une torpeur plus ou moins complète. La chauve-souris, qui est un animal supérieur, pourrait produire par elle-même une suffisante quantité de chaleur; mais elle se trouve atteinte indirectement. En effet, le froid, détruisant les insectes dont elle se nourrit, la débilite peu à peu; sa respiration se ralentit à mesure que la nutrition diminue, et la chaleur, qui doit résulter de la respiration, s'affaiblit à

son tour. Si maintenant la température exté-
rieure vient à se relever notablement, la chauve-
souris rentre avec elle et par elle dans l'exercice de ses fonctions vitales; mais si le froid
la menace de congélation, alors, sous l'aiguillon
de l'instinct, la chauve-souris fait un suprême
effort pour s'enfuir dans un meilleur asile.

L'enfant. — Je ne m'attendais pas à ren-
contrer un instinct si remarquable dans la
chauve-souris, qui est si laide et si repoussante.

Le grand-papa. — Silence, mon enfant; la
chauve-souris est une des merveilles de la création, et je me propose de te la faire mieux connaître. Mais, pour le moment, restons dans la
question qui nous occupe, afin de mettre dans
nos idées un ordre convenable.

L'enfant. — Grand-papa, permettez-moi de
dire au moins que l'Hiver nous fait trop souffrir.

Le grand-papa. — Nous sommes prompts à
nous plaindre du plus petit inconvénient, sans
tenir compte des avantages qui doivent finale-
ment en résulter. La rigueur extrême du froid
est de courte durée, et peut seule lui faire
accomplir son mandat, car il est des plantes et

même des animaux chez lesquels l'existence est tenace. Au lieu de nous plaindre quand le froid sévit, il serait plus digne de remarquer un fait qui certainement va te surprendre. Le froid, qui tue des plantes robustes, respecte les graines que l'homme a semées, ou qui se sont semées d'elles-mêmes en tombant sur le sol.

L'enfant. — J'avoue que je ne puis guère concilier tout cela. Je suis bien désireux de savoir comment les graines peuvent être préservées.

Le grand-papa. — C'est le froid qui leur ménage un préservatif contre lui-même, et ce préservatif efficace, c'est la neige.

L'enfant. — La neige !

Le grand-papa. — Écoute-moi bien. Le froid solidifie la vapeur d'eau qui se trouve en suspension dans l'air; il forme ainsi la neige, sorte de pluie gelée, qui se dépose sur l'horizon en couche plus ou moins épaisse. Or la neige est blanche, et le blanc tient chaud. La neige devient ainsi pour la graine ce qu'est, pour l'hermine, sa blanche fourrure.

L'enfant. — J'ai peine à comprendre que

la neige, qui est si froide, puisse tenir chaud.

Le grand-papa. — Je t'ai dit de bien écouter, parce que l'explication est assez délicate ; ainsi soutiens un moment ton attention, et tu vas parfaitement me comprendre. Le froid n'est qu'une simple diminution de calorique, comme l'obscurité n'est qu'une simple diminution de lumière. Nous disons qu'un corps est froid quand il a moins de chaleur que nous ; nous disons qu'il est chaud quand il en a plus. Lorsque le corps éprouve une perte de chaleur, nous disons qu'il se refroidit ; et si la déperdition de la chaleur est telle que ce corps, supposé liquide, se solidifie, nous disons qu'il se gèle. Eh bien, le blanc a la propriété de ne pas laisser passer facilement le calorique ; il en résulte que la neige, qui est blanche, ne permet pas à la graine de se refroidir et, par conséquent, de se geler. Ainsi la neige, comme la blanche fourrure de l'hermine, ne donne pas de chaleur, mais elle tient chaud, c'est-à-dire qu'elle empêche le refroidissement.

Et maintenant pourrais-tu me dire pourquoi l'on blanchit l'extérieur des maisons aussi bien dans les pays chauds que dans les pays froids ?

L'enfant. — J'avoue que ceci me paraît fort bizarre ; je ne comprends pas qu'on puisse arriver par le même moyen à deux résultats tout à fait contraires.

Le grand-papa. — Pour concilier ce qui d'abord paraît contradictoire, je vais me servir d'une comparaison : une porte fermée fait obstacle aussi bien à la personne qui veut entrer qu'à la personne qui veut sortir. Or le blanc est pour la chaleur ce qu'est pour les personnes une porte fermée. Par conséquent, dans les pays chauds, on blanchit les maisons pour que la chaleur du soleil n'entre pas ; et, dans les pays froids, on blanchit les maisons pour que la chaleur du foyer ne sorte pas.

Des faits analogues, c'est-à-dire qui paraissent tout aussi contradictoires, se présentent à nous bien souvent ; mais notre attention ne sait pas s'y arrêter, et, par conséquent, notre esprit n'en cherche pas la cause. Ainsi, pour retarder le refroidissement d'un bouillon, comme pour retarder, au contraire, la fusion d'une glace, on enveloppe de plumes, par exemple, le vase qui contient le bouillon, comme le vase qui contient la glace. On arrive donc par le même moyen à deux résultats qui semblent tout à fait opposés. Je pense toutefois que tu t'expliques aisément ces deux faits, qui proviennent d'une seule et même cause.

L'enfant. — Grand-papa, je suppose qu'ici les plumes agissent à la manière du blanc ; elles retardent le passage du calorique, qui d'une part ne peut sortir du bouillon, ni d'autre part pénétrer dans la glace.

Le grand-papa. — C'est bien. Or la fourrure et la laine se comportent comme la plume ; d'où nous devons conclure que la vestiture de l'hermine la protége doublement contre la déperdition du calorique : d'abord, parce qu'elle est très-fourrée ; ensuite, parce qu'elle est d'un blanc parfait.

L'enfant. — Mais d'où vient, grand-papa, cette singulière propriété du blanc ?

Le grand-papa. — C'est ce que la science ne peut dire, et il est bien qu'elle se heurte ainsi à des vérités inaccessibles devant lesquelles le génie lui-même est obligé de s'incliner, impuissant et muet. Ces mystères du monde physique sont une des plus fortes preuves de l'existence de Dieu !

L'enfant. — Qui donc pourrait douter de l'existence de Dieu !

Le grand-papa. — Hélas ! l'homme, dans son orgueil, serait tenté de se déifier lui-même, s'il pouvait tout comprendre. Mais, pour le ramener au vrai, Dieu lui montre, résolues dans le vol d'une simple hirondelle, des difficultés que le savant ne peut vaincre dans ses aérostats ; ou bien, réalisés sous la patte d'une chenille aveugle, des problèmes contre lesquels échouent les combinaisons les plus habiles et les machines les plus compliquées.

L'enfant. — La science peut-elle au moins nous dire pourquoi ces différentes substances : plume, laine, fourrure, tiennent chaud ?

Le grand-papa. — On sait seulement qu'elles doivent cette propriété singulière aux bulles d'air qu'elles emprisonnent dans leur contexture ; car l'air est très-mauvais conducteur du calorique. Cette propriété, si nécessaire à certains animaux, et si utile à l'homme lui-même, est éminemment remarquable dans l'édredon.

L'enfant. — Mais, grand-papa, d'où provient cet édredon, qui sert, je crois, à faire des couvre-pieds si légers et si chauds?

Le grand-papa. — C'est le duvet d'une espèce de canard sauvage appelé eider. Les barbes, barbelles et barbellules en sont d'une si extrême ténuité qu'elles forment comme une éponge imbibée d'air. La recherche de ce produit luxueux n'est pas sans danger, et je dois ajouter qu'elle n'est pas sans reproche. Et d'abord, ce qui la rend très-périlleuse, c'est que la cane-eider cache son nid aux falaises les plus escarpées. Mère dévouée, elle ne le quitte qu'un instant, et à de longs intervalles, afin de pourvoir à sa propre subsistance ; on épie ce moment, et l'on grimpe jusqu'à la couvée, pour s'emparer, non des œufs, mais du fin duvet dont la cane les a couverts pour qu'ils ne se refroidissent pas durant sa courte absence. A chaque sortie, la cane s'arrache de nouvelles plumes pour abriter ses petits, et chaque fois on réitère ce même larcin, jusqu'à ce que, trop dépouillée de ses plumes, la mère se trouve elle-même menacée de périr.

L'enfant. — Mais, grand-papa..., c'est un acte odieux... qui n'est commis sans doute que chez des peuples plus sauvages encore que l'eider...

Le grand-papa. — C'est assurément une industrie coupable ; car, si l'homme peut disposer à son gré de tous les animaux, il n'a pas le droit d'en abuser, il n'a pas le droit surtout d'être cruel. L'eider habite le nord de l'Europe, principalement le rivage de la Norwége, de la Suède et de l'Écosse. Ainsi, les compatriotes de l'eider sont presque nos voisins. Du reste, le canard de nos basses-cours est soumis, pour quelques gourmets, à des actes plus barbares encore.

L'enfant. — Que me dites-vous là, grand-papa!...

Le grand-papa. — Oui, mon enfant; pour que le foie du canard devienne volumineux et succulent, en s'imprégnant d'une graisse suave, on nourrit l'animal avec excès et de force, en le privant de toute boisson durant plusieurs jours. Le pauvre canard, qui est naturellement doué d'une grande puissance digestive, succombe étouffé par le volume excessif de son foie.

L'enfant. — Un tel raffinement de barbarie ne se peut concevoir... Ah! je ne mangerai jamais de foie gras!

Le grand-papa. — Malgré la haute estime des gastronomes pour ce mets, surtout quand il est parfumé de truffes, on peut dire que le foie gras est doublement indigeste, d'abord par lui-même, ensuite par son condiment. Je ne pense pas qu'il ait jamais sa place dans un régime hygiénique.

L'enfant. — Dites-moi, s'il vous plaît, grand-papa, ce que signifient les mots régime hygiénique.

Le grand-papa. — J'allais te le dire, mon enfant; mais je suis bien aise que ta question vienne prendre l'initiative, parce que l'enfant qui ne laisse passer aucune expression sans la comprendre, a la volonté sérieuse de s'instruire. Du reste, on n'acquiert d'idées nettes qu'à ce prix, car un mot obscur projette son ombre beaucoup plus loin qu'on ne pense. On entend donc par régime hygiénique une manière de vivre réglée par l'hygiène; et l'hygiène est cette partie de la médecine qui a pour objet la conservation de la santé. Chacun doit en connaître les préceptes, pour s'y conformer ; car la constitution la plus forte ne s'en écarte pas impunément, tandis qu'en les suivant, une constitution médiocre et presque débile, peut se maintenir assez bien.

L'enfant. — Les préceptes de l'hygiène seraient donc pour tous un complément d'instruction bien utile, bien nécessaire.

Le grand-papa. — Pour moi, mon enfant, je ne manque jamais l'occasion de t'initier à ceux qu'il importe le plus de connaître. Hier encore je te disais : il ne faut jamais passer brusquement d'une température élevée à une température basse, ni d'une température basse à une température élevée. La transition doit s'effectuer graduellement, afin de ne pas troubler une des fonctions essentielles de la peau. De là vient le danger que présentent les appartements trop chauffés en hiver ; puisque, dès qu'on en sort, on est spontanément saisi par le froid. En manquant à ce précepte hygiénique, on s'expose aux plus graves accidents.

L'enfant. — Quel est donc, grand-papa, cette

fonction de la peau que peut troubler le passage brusque du chaud au froid ou du froid au chaud?

Le grand-papa. — Mon enfant, la peau n'est pas seulement destinée à contenir le corps et à le protéger ; elle doit, en outre, être le siége d'une exhalation permanente qu'on appelle transpiration quand elle est modérée, et qu'on appelle sueur quand elle est surabondante. La sueur, qu'elle soit produite par la température ou bien par l'exercice, ne doit jamais être arrêtée brusquement; il faut, par la diminution graduée de la chaleur ou par le repos, la laisser revenir peu à peu à l'état normal ; et quant à la transpiration, elle ne doit jamais être interrompue, puisque par elle sont éliminés sans cesse divers produits devenus nuisibles, alors même qu'ils ne seraient qu'inutiles.

C'est pour suffire à cette transpiration nécessaire et continue que l'eau doit entrer en grande proportion dans notre régime alimentaire. Ainsi, pour me servir des données et du langage de la science, la ration quotidienne d'eau pour chaque personne est de

1,800 grammes, c'est-à-dire près de deux litres.

L'enfant. — Près de deux litres! mais il est des buveurs effrénés qui ne touchent jamais à la carafe, ils ont horreur de l'eau et n'en boivent pas une seule goutte.

Le grand-papa. — Précisément ce sont eux qui en boivent le plus; si bien que la plupart de ces malheureux meurent hydropiques.

L'enfant. — Oh! par exemple, grand-papa, ceci ne peut se comprendre.

Le grand-papa. — Écoute, mon enfant. Nos meilleurs vins de France contiennent, à l'état pur, neuf dixièmes d'eau. Par conséquent, boire deux litres de vin, c'est presque boire deux litres d'eau.

L'enfant. — Grand-papa, j'étais loin de m'attendre à ce fait; mais enfin les buveurs dont je parle n'atteignent même pas ainsi la ration d'eau qui nous est assignée.

Le grand-papa. — Il faut alors que ces buveurs ne consomment par jour que deux litres de vin et que ce vin soit à l'état pur; c'est possible sans doute, mais ce n'est pas probable. J'ajoute que tu ne te préoccupes que d'un seul point dans une question qui en comporte deux ; or, pour me faire mieux comprendre, je vais te prendre toi-même pour exemple et te prouver que tu as pris hier ta ration d'eau.

L'enfant. — Oh ! grand-papa, choisissez, je vous prie, un autre jour ; car, je dois vous l'avouer, l'eau était hier si froide que je n'en ai pas bu deux verres.

Le grand-papa.—C'est trop peu, mon enfant ; mais cette infraction à l'hygiène n'a pas notablement changé le résultat. Tu n'as bu que deux verres d'eau, soit, mais qu'as-tu mangé ?

L'enfant. — Selon le régime que vous m'avez fixé, j'ai déjeuné, vers six heures, d'une tasse de chocolat pour attendre le repas de dix heures.

Le grand-papa. — Eh bien, mon enfant, le chocolat contenait quatre dixièmes d'eau, et le pain, trois dixièmes. Au grand déjeuner, qu'as-tu mangé ?

L'enfant. —Un œuf à la coque, un merlan frit et du beurre.

Le grand-papa. — L'œuf contenait huit dixièmes d'eau ; le merlan, huit dixièmes, et le beurre, deux dixièmes ; plus le pain, trois dixièmes.

L'enfant.—Que me dites-vous là, grand-papa?

Le grand-papa. — Passons au dîner.

L'enfant. — J'ai mangé un potage au tapioka, une cotelette de mouton, de la purée de pomme de terre, un peu de fromage et quelques pruneaux secs.

Le grand-papa. — Le potage contenait, par le bouillon et par le tapioka, neuf dixièmes d'eau, la cotelette, sept dixièmes ; la pomme de terre, sept dixièmes ; le fromage, quatre dixièmes; les pruneaux, deux dixièmes, et le pain, trois dixièmes.

L'enfant. — J'en suis maintenant à me demander, grand-papa, si je ne consomme pas, sans m'en douter, beaucoup trop d'eau.

Le grand-papa. — Non, mon enfant, ces dixièmes sont relatifs à de petites quantités de chacune de ces substances ; de telle sorte que l'eau constitue, en moyenne, à peu près la moitié de nos aliments.

L'enfant. — Je ne puis revenir de ma surprise.

Le grand-papa. — Je vais t'étonner encore sans doute, en te disant que, dans ces aliments, tu dois trouver aussi les 300 grammes de charbon que tu brûles tous les jours à cette merveilleuse chaufferette que l'on appelle le poumon ; je dis merveilleuse, car cette chaufferette, où le charbon se brûle, ne se brûle pas elle-même.

L'enfant. — Je brûle trois cents grammes de charbon par jour... et vous aussi, grand-papa?

Le grand-papa. — Sans doute, mon enfant.

L'enfant.— Et pourquoi donc cela ?

Le grand-papa. — Pour produire la chaleur qui est nécessaire à notre organisme, et qui lui serait suffisante, si nous savions en empêcher la déperdition.

L'enfant. — Mais, grand-papa, dans cette saison, comment se passer de feu ? Il est déjà si pénible de s'arracher, le matin, à la douce chaleur de son lit. On redoute tant ce moment, qui se renouvelle chaque jour.

Le grand-papa. — On le redoute surtout, quand il s'y mêle un peu de paresse, car la paresse rend très-frileux. Mais les plus jeunes enfants n'y songent plus, dès qu'ils ont en perspective une fête ou quelque plaisir, et les personnes raisonnables ont un motif plus élevé pour vaincre cette première impression, qui ne dure qu'un moment. Il est vrai que cette chaleur du lit est non-seulement la plus douce, mais encore la plus saine, la plus uniforme, la mieux assortie à nos organes; et, comme elle n'a d'autre foyer que nous-mêmes, il en résulte d'abord cette grande vérité que nous produisons en nous une suffisante quantité de chaleur; il en résulte aussi que notre corps, pour conserver cette chaleur, a seulement besoin d'être bien couvert, et que l'air enfin peut devenir le plus chaud de tous les vêtements.

L'enfant. — Puisque l'agréable température de notre lit ne provient que de nous-mêmes, il est évident que nous produisons toute la chaleur qui nous est nécessaire; il est évident aussi que les couvertures n'ont ici d'autre effet que d'empêcher ou du moins retarder la déperdition de cette chaleur ; mais ce que je ne conçois pas, c'est que l'air puisse tenir chaud. Hier encore, j'ai remarqué que la bise rend, au contraire, le froid beaucoup plus vif.

Le grand-papa. — Ta remarque sur l'action réfrigérante de la bise est fort juste, mais n'atténue en rien ce que j'ai dit. Seulement elle constate cette autre vérité que, par rapport au calorique, l'air en mouvement ne se comporte pas comme l'air en repos. Et, en effet, l'air agité peut être refroidissant, tandis que l'air immobile tient chaud.

L'enfant. — Tout le monde sait, par expérience, que le vent peut refroidir ou du moins rafraîchir ; l'usage de l'éventail suffirait pour le prouver. Mais comment prouve-t-on que l'air immobile tient chaud?

Le grand-papa. — On le prouve notamment par l'expérience qu'en font chaque jour les maraîchers, dans cette saison. As-tu remarqué les grandes cloches dont ils se servent pour abriter leurs plantes délicates ou bien les primeurs?

L'enfant. — Je pensais que ces nombreuses cloches de verre remplissaient un office analogue à celui des petits sacs de crin dont on couvre les grappes, pour les protéger contre les oiseaux.

Le grand-papa. — Ces cloches sont surtout destinées à garantir les plantes contre le froid, en leur ménageant une atmosphère captive, sorte de ouate invisible qui les défend de la gelée. Effectivement, quelque rigoureuse que devienne la saison, la plante ne risque rien dans cet asile, qui lui permet de recevoir librement les rayons du soleil.

L'enfant. — Puisque le fait est positif, la démonstration est sans réplique; mais alors je me demande pourquoi l'air agit d'une manière différente, selon qu'il est en repos ou bien, au contraire, qu'il est en mouvement.

Le grand-papa. — Il est facile de s'expliquer pouquoi l'air agité peut être refroidissant. L'air, au contact d'un corps chaud, s'échauffe aux dépens de ce corps, et, s'il est en mouvement, il doit par les soustractions successives de chaleur, en abaisser plus ou moins la température. L'air agit ici comme agirait tout autre corps. Mais quand l'air est immobile, il se comporte tout autrement, parce que la couche qui s'échauffe au contact du corps chaud ne transmet pas aux autres couches la chaleur qu'elle lui prend, et n'en prend plus elle-même dès que sa température est égale à celle de ce corps. Il est évident que le corps chaud, n'éprouvant plus, pour ainsi dire, la moindre déperdition de chaleur, ne peut désormais se refroidir, ou ne le peut qu'avec une excessive lenteur. M'as-tu compris, mon enfant?

L'enfant. — Grand-papa, quand l'air est agité, je comprends que la couche qui est en contact avec le corps chaud, se renouvelant sans cesse, lui enlève sans cesse une nouvelle quantité de calorique ; le corps doit donc se refroidir assez vite. Au contraire, quand l'air est immobile, la couche qui est en contact avec le corps chaud restant la même, la soustraction de chaleur ne se renouvelle pas; le corps doit donc ne se refroidir que très-lentement. Mais je ne puis comprendre pourquoi la couche d'air qui s'échauffe ne transmet pas aux autres couches le calorique qu'elle soutire au corps chaud.

Le grand-papa. — Un fait s'impose, mon enfant, alors même qu'on ne peut le comprendre. L'air est une de ces substances qui ne transmettent pas le calorique, ou ne le transmettent que difficilement. C'est ainsi que l'atmosphère qui enveloppe toute la terre est, pour nous, comme une admirable cloche de jardinier, qui nous protége contre une trop rapide déperdition du calorique, tout en remplissant d'autres fonctions d'une extrême importance. C'est ainsi que, dans les pays où le froid est très-rigoureux, on met aux fenêtres un double vitrage, et l'air, emprisonné dans le compartiment que forment entre elles ces deux vitres, ne permet pas à la chaleur de se dissiper au dehors. L'air est donc un de ces corps qui ne transmettent pas bien le calorique ; mais la physique ne peut encore nous dire à quoi tient cette propriété singulière. Elle se contente de signaler ces corps sous le nom de mauvais conducteurs du calorique.

L'enfant. — Vous avez comparé l'atmosphère à la cloche du jardinier ; mais il me semble que dans l'atmosphère l'air n'est pas immobile.

Le grand-papa. — C'est vrai, mon enfant ; nous verrons même que l'air doit être toujours en mouvement ; mais, bien que l'atmosphère ne soit pas immobile, on peut la comparer à une merveilleuse cloche de jardinier, parce que, sans elle, la terre, même en Été, perdrait si vite durant la nuit la chaleur acquise durant le jour, que toute vie, comme toute végétation, serait impossible. Nous aurons à revenir sur cette belle question de l'air atmosphérique. Aujourd'hui, bien que celle de l'alimentation n'intervienne ici qu'accidentellement, je dois te rappeler ce que je t'ai dit sur l'abus si fréquent des sucreries.

L'enfant. — Certes, grand-papa, je n'ai pas oublié vos paroles sévères contre l'abus des pastilles, pralines et dragées.

Le grand-papa. — Sous ce rapport, le jour le plus compromis est précisément celui qui commence l'année.

L'enfant. — Le jour de l'an! ah! ce qui atténue mes griefs contre l'Hiver, c'est qu'il nous ramène exactement cette grande fête des étrennes. Mais, grand-papa, est-ce que l'hygiène proscrit les bonbons?

Le grand-papa. — L'hygiène ne proscrit pas les bonbons, mais elle conseille d'en user avec réserve, parce que l'abus est ici bien près de l'usage.

L'enfant. — Cependant, grand-papa, le nom même de bonbon signifie deux fois bon.

Le grand-papa. — Sans doute, les bonbons flattent le goût, mais ils fatiguent l'estomac et dégradent les dents. Je dis qu'ils fatiguent l'estomac, parce que toute substance, même nécessaire, devient nuisible quand elle est prise avec excès ; c'est cet excès qui rend si fâcheux le premier jour de l'an. Saturé de sucreries, l'estomac est dégoûté de tout aliment substantiel, les glandes salivaires sont épuisées sans profit, les dents s'encroûtent de tartre, et les gencives se tuméfient. Je vais plus loin et je dis qu'une mère intelligente se garde bien de donner à ses petits enfants le moindre fragment de sucre, parce que le sucre est ainsi d'autant plus nuisible qu'il est plus dur, c'est-à-dire de qualité supérieure.

L'enfant. — Je vous écoute de toute mon attention, grand-papa ; car je comprends maintenant pourquoi, malgré mes petits chagrins d'autrefois, vous n'avez jamais permis de me donner que du sucre dissous ou bien pulvérisé.

Le grand-papa.— Continue de m'écouter, afin de bien suivre mon raisonnement. Si le sucre est dur, le petit enfant doit produire, pour le rompre, un certain effort ; car il est pressé de le faire crier sous la dent, et ne se donne pas le temps de le dissoudre. Eh bien, par cet effort, la dent, qui est encore mal affermie, risque bien d'être déviée. Quand elle a quitté son rang, elle n'y rentre que sous les violentes tenailles du dentiste, mais pour le quitter de nouveau, dès qu'on lui rend la liberté. Elle affaiblit ainsi ses deux voisines de droite et de gauche ; de plus, elle dérange plus ou moins la dent qui lui correspond dans la mâchoire opposée. Ce qui est encore plus grave, c'est que l'émail, dont la couche est si mince, peut s'écailler plus ou moins. Dès lors la dent est infirme et ne peut être conservée. C'est à son émail, en effet, que la dent doit son éclat, sa résistance et son efficacité. S'il manque sur un point, la carie s'empare bien vite de ce point, car l'ivoire, qui forme le corps de la dent, est attaqué par les acides les plus faibles. On peut, à la rigueur, s'abstenir de salade et de fruits ; mais comment supprimer l'acide carbonique produit par la respiration elle-même !

L'enfant. — Oh! je vous remercie, grand-papa, de votre prévoyante fermeté.

Le grand-papa. — Oui, mon enfant, tu as pleuré plus d'une fois de mes refus, mais j'ai su vaincre tes larmes pour te conserver tes belles dents.

L'enfant. — Comment se fait-il, grand-papa, que des connaissances si essentielles soient si peu répandues, ou du moins si peu appliquées?

Le grand-papa. — Que serait-ce donc si je te disais combien la fraude peut rendre dangereuses toutes ces sucreries, si variées de forme et de couleur!

L'enfant. — Je pense, grand-papa, que, du moins, le sucre d'orge et le sucre de pomme sont d'innocentes friandises.

Le grand-papa. — Sans doute; et pourtant il est convenable d'en user modérément, par la raison même que ce ne sont que des friandises. Du reste, je dois ajouter qu'il n'y a pas plus un atome d'orge, dans l'un, qu'il n'y a, dans l'autre, un atome de pomme; pas plus qu'il n'y a un atome d'orge dans l'orgeat. L'orgeat se fait avec des amandes. Quant au sucre d'orge et quant au sucre de pomme, ce sont des sucres qui, d'après leur mode de fabrication, retiennent une plus ou moins grande quantité d'eau. En résumé, ce ne sont que des friandises, et non de véritables aliments. Je pense que tu n'as pas oublié les détails que je te donnai l'année dernière sur l'alimentation. Et d'abord, te rappelles-tu bien ce que c'est qu'un aliment ?

L'enfant.— Si mes souvenirs ne me trompent point, vous m'avez dit qu'un aliment est une substance que la digestion peut transformer en notre propre substance. Vous m'avez dit aussi qu'il faut varier ses aliments.

Le grand-papa. — C'est bien, mais pourquoi faut-il varier ses aliments?

L'enfant. — Voici la réponse que je trouve encore dans mes souvenirs : c'est que les principes nécessaires à l'alimentation sont très-nombreux, et se trouvent pourtant disséminés dans des substances très-diverses.

Le grand-papa. — C'est très-bien, mon enfant. Il faut seulement ajouter que nous ne savons pas toujours de quelle substance nous retirons tel ou tel corps qui doit entrer dans la composition de nos organes, de nos tissus : par exemple, le fluor, principe essentiel de l'émail de nos dents.

L'enfant. — Je voudrais bien voir ce corps, grand-papa.

Le grand-papa. — Nous ne savons pas si ce corps est solide, liquide ou gazeux. Nous pouvons bien le faire passer d'une combinaison dans une autre, mais nous ne pouvons pas l'isoler, nous ne pouvons point l'obtenir seul. Personne n'a jamais vu une parcelle de fluor, et cependant personne ne doute de l'existence de ce corps. Et ici te rappelles-tu ce que je t'ai dit du lait, cette nourriture spéciale du nouveau-né ?

L'enfant. — Comment pourrais-je oublier, grand-papa, cette preuve si manifeste de la sagesse divine, qui a voulu que le lait soit un aliment complet, c'est-à-dire réunisse à la fois, et dans les proportions les mieux assorties, tous les principes nécessaires à l'alimentation.

Le grand-papa. — Le lait est, en effet, le liquide le plus complexe qu'on puisse imaginer.

L'analyse n'y trouve pas moins de trente-deux substances différentes. Remarquons bien que l'eau y prédomine, elle en forme presque les neuf dixièmes, comme nous avons vu qu'elle forme les neuf dixièmes dans le vin. Une notable proportion de matière sucrée lui donne une saveur agréable et contribue avec le beurre à fournir les éléments qui, en se brûlant dans les poumons, doivent produire de la chaleur. Il est surtout rendu nutritif par une certaine quantité de caséine, substance dont on fait le fromage. Il contient enfin le fluor avec les substances calcaires qui doivent constituer les os et les dents.

Maintenant revenons à notre sujet, car je dois réhabiliter à tes yeux les deux autres agents de l'Hiver : la pluie et le vent.

L'enfant. — Oh ! pour la pluie, grand-papa, je ne puis m'empêcher de dire qu'elle est fort ennuyeuse, car elle rend impraticables les promenades et les chemins ; parfois même elle tombe avec une telle abondance, une telle opiniâtreté, qu'elle semble nous menacer d'un nouveau déluge. Je conçois son utilité pour rafraîchir les ardeurs de l'Été ; mais, en Hiver, quel bien peut-elle faire?

Le grand-papa. — Un bien considérable. Lorsque le froid a détruit tant de plantes et tant d'animaux, que vont devenir tous ces débris et toutes ces dépouilles? L'eau s'empare peu à peu de toutes les substances qu'elle en peut dissoudre ; elle les change en engrais, c'est-à-dire en aliments, et elle les fait descendre avec elle dans le sol. Or tout ce travail exige un certain temps. La pluie d'Hiver ne doit pas être rapide, instantanée, comme un orage de l'Été ; il faut, au contraire, qu'elle persévère, qu'elle dure plusieurs jours. Du reste, quant à l'abondance de la pluie, la quantité d'eau qui tombe de l'air est à peu près égale tous les ans, et l'Hiver n'en fournit guère plus que l'Été. Tu vois que si, par le froid, l'Hiver est économe, il devient, par la pluie, réparateur. En effet, il accumule autour des graines et des jeunes racines les provisions nécessaires pour rénover au Printemps le règne végétal.

L'enfant. — Je rougis des erreurs que je

commets à chaque instant ; mais, toujours sûr de votre indulgence, j'ose vous avouer que si je m'explique l'utilité du zéphyr, qui est si bienfaisant et si doux, je ne m'explique pas celle du vent, qui tourmente le feuillage des arbres et brise même leurs rameaux.

Le grand-papa. — On n'a plus à rougir de ses erreurs dès qu'on a la volonté de s'instruire. Le vent, comme le zéphyr, est chargé d'une fonction qui lui est propre, et si parfois il n'avait pas une certaine violence, il ne pourrait pas accomplir son office. Il faut, en effet, qu'il émonde nos forêts, qu'il enlève les feuilles mortes, qu'il arrache les branches et même les arbres qui, ne devant plus végéter, doivent céder leur place à d'autres.

L'enfant. — Et pourquoi donc est-il plus fréquent au mois de mars ?

Le grand-papa. — C'est qu'il s'agit alors de balayer tout ce qui, détruit par le froid, n'a pas été dissous par la pluie, afin que l'horizon soit libre et net pour l'avénement du Printemps. Tu vois, mon enfant, que tout est admirablement calculé dans les œuvres de Dieu, et que nous devons terminer par cette double con-clusion :

1° L'Hiver est une saison nécessaire comme les trois autres, et même, en quelque sorte, plus nécessaire, puisque, par ses patientes économies et par ses abondantes réserves, il prépare la parure du Printemps, les moissons de l'Été, les vendanges de l'Automne.

2° La Nature est si parfaite qu'on ne pour-rait y supprimer le moindre détail sans défaire aussitôt tout l'ensemble.

CHAPITRE II

LE PRINTEMPS.

L'enfant. — Grand-papa, quelle agréable et jolie saison que le Printemps ! oh que je la préfère de beaucoup aux trois autres !

Le grand-papa. — Cette préférence ne m'étonne pas, mon enfant, surtout à ton âge qui est lui-même le printemps de la vie... Personne d'ailleurs ne peut méconnaître les avantages particuliers de cette saison, qui est à la fois la plus gracieuse et la plus ornée.

L'enfant. — Il me semble, grand-papa, qu'elle doit réjouir également tous les âges.

Le grand-papa. — En effet, le Printemps plaît par tous ses points, et charme, pour ainsi dire, tous nos sens. L'air est alors pur, frais, azuré ; le zéphyr y circule sans secousse et sans bruit pour y distribuer partout une douce température, et de nombreux papillons, comme des gemmes animées, y jettent, en volant, mille reflets. Le ruisseau, remis en liberté par le dégel, descend plus limpide et plus gai dans la plaine fleurie ; et, quand il passe, on dirait que les fleurs s'inclinent vers lui pour s'y mirer. Ces fleurs, qui invitent la main à les cueillir, non-seulement sont plus nombreuses qu'à toute autre époque, mais encore elles ont des couleurs plus tendres et des parfums plus exquis. Dégagée du long silence imposé par l'Hiver, la voix des oiseaux semble avoir plus de fraîcheur et plus de mélodie. Tous les animaux, jusqu'au reptile, jusqu'à l'insecte, ont revêtu leurs habits de fête ; et la terre, ainsi parée dans ses trois règnes, épanouit à nos yeux toutes les prémices du nouvel an, pour que notre reconnaissance monte avec transport vers la Providence divine, qui nous prodigue tous ces dons.

L'enfant. — A mesure que je vous écoute, grand-papa, je sens de plus en plus que votre parole élève vers Dieu mon esprit et mon cœur.

Le grand-papa. — Cela doit être, mon enfant ;

car, comment ne pas admirer l'Auteur si grand de tant de merveilles ! comment ne pas aimer l'Auteur si bon de tant de bienfaits !

L'enfant. — Il me tarde bien de savoir quels sont les agents du Printemps. Je pense qu'ils doivent être tout différents de ceux de l'Hiver.

Le grand-papa. — Ce sont pourtant les mêmes : le soleil, l'air et l'eau, mais se modifiant à l'envi, pour s'approprier à leurs nouvelles fonctions.

Occupons-nous d'abord du soleil. Pour qu'en Hiver, la terre se refroidisse, le soleil lui fournit peu de chaleur; tandis qu'au Printemps, pour qu'elle s'échauffe, il lui en fournit beaucoup plus.

L'enfant. — Le soleil a donc tantôt moins et tantôt plus de chaleur?

Le grand-papa. — Le soleil a toujours par lui-même une égale quantité de chaleur.

L'enfant. — Mais alors je ne puis comprendre comment il se fait que la terre se refroidisse en Hiver, tandis qu'elle s'échauffe au Printemps.

Le grand-papa. — Le rayon solaire est par

lui-même également chaud dans les deux saisons; mais, au Printemps, il devient plus efficace
qu'il ne l'est en Hiver.

L'enfant. — C'est sans doute que le soleil,
au Printemps, est plus près de la terre.

Le grand-papa. — Non, mon enfant; car le
soleil, au contraire, en est un peu plus loin.

L'enfant. — Comment! en Hiver, le soleil
est plus près, et il fait plus froid! Au Printemps,
il est plus loin, et il fait plus chaud! Ceci me
semble inexplicable.

Le grand-papa. — Pour te préparer à le
comprendre, je vais me servir d'un fait qui est
analogue, mais plus simple. Chaque jour, le
rayon de midi est plus efficace que le rayon du
matin, et cependant la distance au soleil n'a
pas changé. Ceci tient à ce que l'obliquité du
rayon solaire en diminue l'efficacité. Or le rayon
du soleil est moins oblique au Printemps qu'il
ne l'est en Hiver; il doit donc être plus calorifique. C'est ainsi que le rayon lumineux qui
tombe sur la page que je lis, est plus éclairant à
mesure qu'il est moins oblique; et, si je lui présente mon livre sous une extrême obliquité, le

rayon ne m'éclaire presque plus : il se diffuse, c'est-à-dire il se réfléchit, il se disperse dans tous les sens. C'est encore ainsi que la pierre lancée à la surface d'un lac, sous une grande inclinaison, glisse sur l'eau et n'y pénètre presque pas ; elle peut même rebondir, comme si elle eût rencontré la surface d'un corps solide.

L'enfant. — Je comprends très-bien, grand-papa, le résultat de l'obliquité quand je compare le rayon de midi au rayon du matin, parce que la distance au soleil reste la même ; mais ce qui complique pour moi la question, c'est que le soleil est plus loin au Printemps qu'il ne l'est en Hiver.

Le grand-papa. — A ton âge. on est naturellement impatient : on veut savoir tout de suite. Cependant on ne peut arriver parfois à l'explication complète qu'en passant par des vérités intermédiaires. Le fait que je t'ai cité ne devait que te préparer à me comprendre, je vais maintenant achever la solution du problème qui te paraît insoluble. Au Printemps, le rayon solaire, venu d'un peu plus loin, doit être, par cela même, un peu affaibli ; mais, comme le jour est beaucoup plus long qu'en Hiver, le rayon gagne, par la durée de son action, beaucoup plus que ne lui fait perdre la distance. Ainsi, supposons en présence d'un même foyer deux cafetières emplies d'eau ; supposons que l'une soit un peu plus loin, mais qu'elle reste beaucoup plus de temps soumise à l'action du feu, l'expérience va nous prouver que la température du liquide s'y est élevée beaucoup plus que dans l'autre cafetière, qui, n'étant qu'un peu plus près du foyer, y est restée beaucoup moins de temps.

L'enfant. — Mon ignorance me fait passer de surprise en surprise, mais je suis bien heureux qu'elle se dissipe à mesure que vous portez la lumière dans mon esprit.

Le grand-papa. — Je crois devoir ajouter à mon explication une circonstance qui la rend plus complète. Au Printemps, afin de ménager les teintes délicates, qui se faneraient trop vite, afin de régulariser aussi le développement de la plante, qui serait trop rapide, l'accroissement de température ne se fait que graduellement, c'est-à-dire que le rayon du soleil ne devient de moins en moins oblique que par degrés insensibles.

L'enfant. — Comme Dieu dispose tout avec sagesse ! que de précautions dans les moindres détails !

Le grand-papa. — Ce n'est pas tout, et maintenant, sans doute, tu désires savoir comment l'air, lui aussi, va s'assortir aux conditions spéciales du Printemps.

L'enfant. — Je le désire d'autant plus que j'éprouve à m'instruire une satisfaction intime dont j'avais été privé jusqu'ici.

Le grand-papa. — D'abord l'air modère ses mouvements, afin de ne pas endommager les tiges encore si faibles et surtout les fleurs, qui sont l'espoir de la moisson. Il prend donc cette allure mitigée qui lui fait donner le nom de zéphyr. De plus, l'air se tient transparent, pour permettre à notre vue de s'étendre plus loin, et pour mieux laisser passer la chaleur et la lumière que nous envoie le soleil.

L'enfant. — Je ne m'explique pas bien comment l'air peut conserver sa transparence.

Le grand-papa. — L'air est suffisamment chaud pour maintenir à l'état gazeux la vapeur d'eau qui s'y répand par évaporation.

L'enfant. — Cependant il y a des nuages au Printemps, et même il pleut de temps à autre.

Le grand-papa. — Oui, et tout cela, mon enfant, est nécessaire; mais ces nuages et cette pluie ont le caractère particulier qui répond le mieux aux exigences du Printemps. Ainsi ces nuages sont légers et s'élèvent assez haut; par conséquent, le ciel n'en est pas assombri; et quant à la pluie qui peut en provenir, comme elle tombe d'une certaine hauteur, elle ne s'ouvre un passage à travers les couches de l'air qu'en s'y divisant en petites gouttelettes; de telle sorte que cette pluie ne dégrade ni les feuilles ni les fleurs.

L'enfant. — Quel ordre admirable la nature présente à celui qui sait l'observer!

Le grand-papa. — Tout ce qui semble un obstacle devient un auxiliaire. Il est utile assurément que l'atmosphère se vôile quelquefois, même au Printemps, pour tempérer les rayons du soleil; il est nécessaire qu'il pleuve de temps en temps pour rendre plus vite au sol l'eau que l'évaporation lui enlève sous forme de vapeur; toutefois l'arrosage régulier de la terre s'effectue par le merveilleux intermédiaire de la rosée.

L'enfant. — Ce nom seul a quelque chose de doux qui annonce un bienfait.

Le grand-papa. — C'est vrai, mon enfant...

L'enfant. — Oh! que la rosée mérite bien le titre d'arrosage par excellence, car c'est une pluie si fine qu'on ne la voit ni ne la sent tomber!

Le grand-papa. — Prends garde, mon enfant; la rosée ne tombe pas et, par conséquent, elle est fort différente de la pluie. Pour te prouver que la rosée n'est pas de la pluie, il me suffirait de te dire que, par un temps nuageux, il n'y a jamais de rosée; mais j'aime mieux faire intervenir une expérience bien simple : une feuille de papier qui, placée sur le sol, se couvre d'une abondante rosée, n'en présente aucune trace quand elle est placée dans l'air à une hauteur, par exemple, de deux ou trois mètres. Il est évident que, s'il s'agissait de la pluie, la feuille de papier serait mouillée dans les deux stations.

L'enfant. — Il me semble même qu'elle devrait l'être encore plus dans la seconde station que dans la première.

Le grand-papa.—Maintenant je vais te prouver que la rosée est doucement déposée par la couche inférieure de l'air. Cette couche, se refroidissant au contact du sol, ne peut plus, en effet, conserver à l'état gazeux la vapeur d'eau qu'elle abandonne peu à peu sous forme liquide.

L'enfant. — Je vous prie, grand-papa, de me faire comprendre ce phénomène, qui me surprend beaucoup.

Le grand-papa. — Partons de ce fait scientifique : un corps qui s'échauffe plus vite qu'un autre corps, se refroidit aussi plus vite. Or, durant le jour, le sol s'échauffe beaucoup plus vite que l'air ; donc il doit, la nuit, se refroidir beaucoup plus vite. En effet, quelques heures après le coucher du soleil, le sol est beaucoup plus refroidi que l'air, et il en refroidit, par son contact, la couche inférieure, qui dès lors dépose en rosée sa vapeur d'eau. Mais allons plus loin et, pour établir d'une manière péremptoire que c'est bien le refroidissement du sol qui détermine le dépôt de la rosée, disposons l'expérience de telle sorte que deux points du sol, quoique contigus, se refroidissent très-inégalement, c'est-à-dire l'un beaucoup et l'autre très-peu.

L'enfant. — Mais comment s'y prendre?

Le grand-papa. — Sur l'un des points étendons une feuille de papier noir et mat, et sur l'autre point une feuille d'argent poli. Comme les corps noirs et mats perdent facilement leur chaleur, tandis que les corps blancs et polis la retiennent assez bien, le sol va se refroidir beaucoup plus au point où se trouve la feuille de papier et ne se refroidira que très-peu au point où se trouve la feuille d'argent. Eh bien, comment va se comporter la rosée? Elle sera très-abondante sur le premier point, et nulle sur le second.

L'enfant. — Il est impossible de ne pas se rendre à cette démonstration, et ceci me rappelle cette singulière propriété du blanc, que vous m'avez signalée dans la neige de l'Hiver et dans la fourrure de l'hermine.

Le grand-papa. — Mon enfant, je vois avec plaisir que tu gardes souvenir de nos leçons et que tu sais rapprocher à propos les faits qui sont analogues. Ainsi tu dois comprendre aisément que le limonadier, par exemple, tient dans des cafetières d'argent poli le café, le lait, le chocolat, pour que ces comestibles puissent mieux conserver une température convenable. Mais voici ce qu'on a dit quelquefois contre l'explication bien naturelle de la rosée. On a fait remarquer que la partie du sol abritée sous un parapluie reste parfaitement sèche. Je pense maintenant que tu pourrais, au contraire, trouver dans cette remarque une preuve de plus qui s'ajoute à celles que je t'ai données.

L'enfant. — Grand-papa, je ne me dégagerais pas facilement de cette objection.

Le grand-papa. — Réfléchis bien : ce parapluie est un écran qui s'oppose à la déperdition de la chaleur sur toute la partie du sol qu'il recouvre ; c'est ainsi qu'agissent aussi les nuages, et voilà pourquoi le sol ne présente pas de rosée quand le temps est nébuleux ; c'est ainsi qu'un simple voile de gaze abrite la figure contre la déperdition de la chaleur, c'est-à-dire contre le froid.

L'enfant. — Vous portez une telle clarté sur

toutes les questions, qu'il est impossible de ne pas comprendre.

Le grand-papa. — Nous sommes entrés, sans nous en apercevoir peut-être, dans les fonctions de l'eau, qui vient à son tour, et sous forme de rosée, se conformer aux exigences du Printemps ; il suffit d'ajouter que les fleuves et les rivières, nés de la fusion des neiges au sommet des montagnes, descendent dans les vallées comme dans les plaines, non-seulement pour les fertiliser, mais encore pour les animer en quelque sorte et pour les embellir.

Ainsi le soleil, l'air et l'eau se correspondent sous tous les rapports, pour donner au Printemps son double caractère de saison rénovatrice et décorative. J'ajoute que, par leur action harmoniquement mitigée, ces trois agents concourent surtout au grand phénomène de la germination, c'est-à-dire au premier développement du germe dans les plantes.

L'enfant. — Dites-moi, je vous prie, ce que c'est que ce germe ?

Le grand-papa. — Ce germe est la nouvelle plante en miniature, plante tout à fait identique à celle qui l'a produite. Le germe est assez ordinairement appelé graine. Ainsi le gland est un chêne complet, bien que réduit encore à des proportions exiguës, microscopiques.

L'enfant. — Je n'ai pas une idée bien nette de ce que signifie le mot microscopique, que j'entends employer très-souvent.

Le grand-papa. — On qualifie de microscopiques les objets matériels qui échappent à l'œil nu, c'est-à-dire à l'œil non aidé du microscope, instrument qui amplifie les images pour les rendre visibles. Je t'expliquerai plus tard à quoi tient la propriété de cet instrument.

L'enfant. — Ainsi, grand-papa, dans ce gland si petit, il y a ce qui doit être un arbre immense !

Le grand-papa. — Oui, mon enfant. Mis en terre humide, à l'époque convenable, le gland, après quelques jours, se gonfle, se rompt et laisse sortir deux petits organes qui se dirigent en sens inverse : la radicelle ou petite racine, qui pénètre dans le sol pour s'y fixer peu à peu en solide pivot; la tigelle ou petite tige, qui peu à peu s'élève dans l'air en colonne ligneuse pour supporter les rameaux, les feuilles et les fruits.

L'enfant. — Mais comment sait-on placer en terre le gland, de telle sorte que la radicelle soit en bas et que la tigelle soit en haut ?

Le grand-papa. — On n'a pas à se préoccuper de ce point, pas plus que le laboureur qui sème le froment ne se donne le souci de placer chaque grain dans une position déterminée. La radicelle prend d'elle-même sa direction vers le sol, comme la tigelle prend d'elle-même sa direction vers l'atmosphère. On ne peut même pas tromper cette tendance naturelle, quelque artifice qu'on emploie pour la mettre en défaut.

L'enfant. — Voilà, certes, un phénomène bien étonnant.

Le grand-papa. — Cette direction inverse de la racine et de la tige est absolument nécessaire pour que la plante puisse se développer. Mais la science se tait sur la force qui détermine et gouverne un phénomène si remarquable.

A côté de cette tendance inverse de la racine et de la tige, il en est une autre également inverse, invincible et inexpliquée : c'est que la racine recherche toujours l'obscurité, tandis que la tige se porte toujours vers la lumière.

L'enfant. — Comment peut-on constater, grand-papa, cette singulière tendance ?

Le grand-papa. — Par une expérience bien simple : dans une chambre qui ne reçoive la lumière que par une seule fenêtre, on place un verre empli d'eau ; à la surface du liquide, on étend une couche de ouate ; et, sur ce coton, l'on sème des graines de moutarde blanche, par exemple. Au bout de quelques jours, on voit la racine s'enfoncer dans la ouate, atteindre l'eau et, pour se dérober à la lumière qui traverse le verre, prendre une direction tout à fait opposée ; tandis que la tige, au contraire, se tourne vers la fenêtre pour mieux recevoir les rayons lumineux.

L'enfant. — Si vous le permettez, grand-papa, j'essaierai moi-même de faire cette curieuse expérience ; mais, d'abord, je voudrais en bien comprendre les détails.

Le grand-papa. — La chambre dans laquelle on opère ne doit être éclairée que par un seul côté, afin de rendre plus précise la direction inverse de la racine et de la tige. Le vase doit être transparent, afin que la racine éprouve l'influence de la lumière; et la ouate a pour fonction de servir de support spongieux à la petite plante.

L'enfant. — Je vous remercie, grand-papa, car maintenant je me rends compte de chacun de ces détails.

Le grand-papa. — Mais la cause du phénomène n'en reste pas moins mystérieuse. Bien plus, si la chambre n'était éclairée que par de la lumière rouge ou jaune, par exemple, cette lumière, quelque intense qu'elle fût, n'aurait plus la moindre influence. La racine et la tige se comporteraient comme si cette lumière n'existait pas, c'est-à-dire que la tige ne se tournerait pas plus vers la fenêtre que la racine ne s'en détournerait : la plante ne manifestant plus alors qu'une seule tendance. c'est-à-dire faisant descendre la racine vers le fond du verre et faisant monter sa tige dans l'air ; mais si la chambre était éclairée seulement par de la lumière bleue ou violette, par exemple, alors la racine et la tige se comporteraient absolument comme elle avec la lumière ordinaire, c'est-à-dire blanche.

L'enfant. — Je ne conçois pas comment on peut éclairer une chambre avec de la lumière rouge, jaune ou bleue.

Le grand-papa. — Il suffit pour cela de ne mettre à la fenêtre que des vitres ayant la couleur avec laquelle on veut faire l'expérience.

L'enfant. — Nous ne sommes donc entourés que de merveilles, grand-papa !

Le grand-papa. — Dieu ne procède guère autrement ; et, puisque nous parlons de tendances spéciales, je dois te signaler celle que présentent quelques végétaux qui, ayant une tige trop faible, l'enroulent autour de quelque corps voisin qu'on appelle leur support ou tuteur : tels sont, par exemple, le haricot et le houblon. Or chacune de ses deux plantes s'enroule d'une manière différente : le haricot toujours de droite à gauche, et le houblon toujours de gauche à droite. Je pourrais encore, à propos de la feuille et de la fleur, te citer des tendances tout aussi remarquables.

L'enfant. — Je n'ose vous demander de me

les faire connaître, grand-papa, parce que votre réserve me prouve que je n'ai pas encore les notions nécessaires pour vous comprendre.

Le grand-papa. — Ces questions trouveront mieux leur place dans notre étude de la botanique. Cependant, pour encourager tes élans vers la vérité, je puis te dire quelques mots sur une tendance de la feuille qu'il te sera facile de remarquer. La feuille a deux faces bien distinctes : l'une, lisse, qui regarde le ciel ; l'autre, spongieuse, qui regarde le sol. Pour que cette feuille, qui est comme le poumon de la plante, puisse remplir sa fonction, il faut que la face lisse reste tournée vers le soleil et que la face spongieuse reste tournée vers la terre. Si donc on essaie de renverser la tenue de la feuille, la feuille résiste et persévère à reprendre sa position normale, et si elle ne peut vaincre la violence qui lui est faite, elle s'étiole et périt. C'est qu'en effet chacune de ces deux faces a une contexture bien différente, mais conforme à l'office qui lui est propre. L'une est réfléchissante, l'autre est absorbante ; l'une a ses nervures en creux pour faciliter l'écoulement de la pluie, l'autre a ses nervures en relief pour que la chenille puisse s'y fixer, accrochée en sens inverse de la pesanteur. Cette tenue de la feuille doit répondre à beaucoup d'autres circonstances que je t'expliquerai en temps opportun. Aujourd'hui ne quittons pas le phénomène de la germination sans bien noter les trois conditions qu'elle exige :

1° Une certaine quantité de chaleur ; ainsi la germination ne peut s'effectuer quand la température est inférieure à 5° ;

2° Une certaine quantité d'eau ; ainsi la germination est impossible dans un air complétement sec ;

3° Une certaine quantité d'air ; ainsi la germination ne peut s'accomplir dans une eau qui n'est pas aérée.

L'enfant. — Grand-papa, je n'ai plus rien à désirer sur ce point. Mais il est une question qui me préoccupe ; et, quoique vous m'autorisiez à vous soumettre même les plus étranges, je crains de sortir du sujet que vous m'avez développé d'une manière si complète.

Le grand-papa. — Précisément parce que notre étude sur le Printemps est terminée, je puis sans inconvénient répondre à une question qui serait étrangère à notre sujet.

L'enfant. — Il s'agit d'un insecte qui ne se montre, je crois, que dans le Printemps.

Le grand-papa. — Puisqu'il s'agit d'un insecte printanier, notre digression est bien permise, elle peut même devenir fort utile.

L'enfant. — Mais c'est que cet insecte n'est ni léger ni beau ; il diffère bien des papillons dont vous m'avez parlé, qui brillent dans l'air comme des pierres précieuses.

Le grand-papa. — Qu'importe ; cet insecte a sa place dans la création, il a donc sa raison d'être, et sache bien qu'il n'est pas nécessaire d'être beau pour mériter notre étude. Ainsi le papillon qui nous donne la soie, ainsi que l'insecte qui nous donne la cire et le miel, est dépourvu de grâce et d'éclat.

L'enfant. — Mais ce papillon, du moins, est utile ainsi que l'abeille ; tandis que le hanneton, dont je veux parler, ne l'est pas.

Le grand-papa. — Dieu, qui est souverainement sage, n'a rien fait, n'a pu rien faire qui ne soit plus ou moins utile. Chose étrange ! en présence d'une machine construite par un artiste habile, on se garderait bien d'appeler inutile un rouage dont on ne comprendrait pas la fonction, et, parce qu'on ignore l'office de tel ou tel être sorti des mains du Créateur, on oserait nier l'utilité de cet être! Et pourtant l'artiste, fût-il le plus ingénieux, a pu se tromper dans ses combinaisons ou ne pas savoir les réaliser, tandis que Dieu est l'infinie puissance, comme il est l'intelligence infinie.

L'enfant. — Je vois, grand-papa, qu'il faut bien surveiller ses expressions quand on parle des œuvres de Dieu.

Le grand-papa. — Si le hanneton, tournant la question contre nous tous, pouvait demander à quoi chacun de nous est utile... plus d'un, sans doute, se trouverait déconcerté.

L'enfant. — Pour mon compte, cette question me fait réfléchir sérieusement, et je ne me sentirais pas à l'aise pour y répondre.

Le grand-papa. — Je continue ma supposition. Si le hanneton, la taupe, la marmotte, la buse, le dindon, l'étourneau, l'oie, etc., pouvaient parler, n'auraient-ils pas le droit de protester contre des proverbes injurieux qui circulent, comme des vérités, dans le langage ordinaire. Ainsi on dit : *étourdi comme un hanneton.* Or le pauvre insecte n'est rien moins qu'étourdi. S'il trébuche quelquefois contre les obstacles, ce n'est point faute d'attention, mais bien parce qu'il ne peut gouverner son vol à l'égal du papillon, attendu que ses ailes supérieures, destinées à le protéger plutôt qu'à le mouvoir, gênent le jeu des inférieures, qui sont les ailes proprement dites. D'ailleurs le hanneton est crépusculaire, c'est-à-dire qu'il ne vole que le matin ou le soir, aux heures où la lumière est assez douce. Durant le jour, il reste immobile, parce que le rayon solaire l'éblouit ; et, s'il est alors forcé de prendre le vol, on conçoit qu'il se heurte quelquefois à des corps qu'il n'a pas aperçus. Certes ce ne sont pas les yeux qui lui manquent, car il en a plusieurs milliers formant deux groupes aux côtés de la tête, de telle sorte qu'on peut presque dire qu'il a un œil pour chaque point de l'espace ; mais n'oublions pas qu'il est crépusculaire et que son vol, naturellement assez lourd, ne lui donne guère les allures d'un étourdi.

L'enfant. — Comment, grand-papa, le hanneton a plusieurs milliers d'yeux?

Le grand-papa. — Il en a plus de huit mille.

L'enfant. — Mais ces yeux doivent être d'une petitesse inouïe, et alors comment peut-on les compter?

Le grand-papa. — Dans le monde visible, l'homme est placé entre l'indéfiniment grand et l'indéfiniment petit. Il pénètre dans l'indéfiniment grand à l'aide d'un instrument appelé télescope ; il pénètre dans l'indéfiniment petit au moyen d'un instrument appelé microscope. C'est donc en posant le hanneton sous le microscope qu'on a pu compter le nombre de ses yeux. Ne sois donc pas étonné d'apprendre qu'un savant s'occupa pendant plus de vingt années du hanneton, sans en terminer l'étude.

L'enfant. — Je le comprends, grand-papa, puisque le sens de la vue seulement a dû exiger de longues et patientes observations. Mais à quoi peuvent servir des yeux si nombreux?

Le grand-papa. — Ces yeux ne sont pas mobiles comme les nôtres ; leur grand nombre compense leur immobilité. Mais nous aurons occasion de revenir sur ce point en parlant de la vision chez les insectes. En ce moment, revenons sur nos pas; et, pour compléter ce que j'avais à te dire sur l'utilité du hanneton, je fais une nouvelle hypothèse. Je suppose que, dans une assemblée générale des animaux, sous la présidence de l'homme, on discutât la suppression de tel ou tel animal que nous croyons inutile. Eh bien, il n'en est pas un seul qui ne trouvât une voix pour le défendre, voix intéressée sans doute, mais légitime. Ainsi la taupe, qui est très-friande des larves du hanneton, demanderait la conservation de cet insecte; par un motif analogue, l'araignée plaiderait pour la punaise, l'hirondelle pour l'araignée. Quant à l'hirondelle, l'homme lui-même couvrirait de son suffrage souverain ce petit messager du Printemps, qui vient avec confiance se loger sous nos toits, comme s'il avait conscience des services qu'il nous rend.

L'enfant. — Ainsi, grand-papa, les choses resteraient comme elles sont.

Le grand-papa. — Sans doute, car tout est admirablement coordonné dans la nature.

L'enfant. — Je vois que le hanneton n'est pas inutile pour la taupe, mais on l'accuse de commettre quelques dégâts.

Le grand-papa. — Le hanneton, comme la plupart des animaux, ne devient nuisible que si la famille en devient trop nombreuse. Mais une espèce quelconque ne devient trop nombreuse que par notre faute. En effet, pour qu'une famille ne dépasse pas la limite convenable, Dieu place toujours près d'elle une autre famille qui est chargée de la restreindre et qui s'acquitte d'autant mieux de son mandat qu'elle est stimulée par le besoin de s'en nourrir. Ainsi la taupe a pour fonction de modérer le nombre des hannetons, comme le hibou doit modérer, à son tour, le nombre des taupes, et c'est ainsi que tout se maintient dans un rapport exact, dans un équilibre parfait. Mais l'homme poursuit à outrance la taupe, qui lui est si utile quand sa famille n'est pas trop nombreuse; l'homme détruit aussi le hibou, qui doit restreindre le nombre des taupes. C'est ainsi que l'équilibre est rompu par notre faute; il en résulte pour nous quelques dommages qui nous font réfléchir, et alors nous finissons par apprendre qu'il faut respecter les auxiliaires que nous a ménagés la divine Providence. Du reste, quoi que l'homme puisse faire, il ne peut troubler les lois du monde physique ; jamais il ne pourra détruire une seule espèce d'animal ; et, à cet égard, nous pouvons citer la souris, qui, soumise à mille dangers, se conserve cependant et malgré nous, afin de nous prouver que l'homme ne peut rien changer au plan de la création. C'est que la destruction complète d'une espèce entraînerait au moins celle d'une autre espèce qui, à son tour, ne pourrait disparaître sans déterminer la disparition de plusieurs autres espèces. L'homme finirait par être atteint lui-même, de proche en proche, dans les animaux qui lui sont le plus nécessaires.

L'enfant. — Désormais j'aurai plus d'estime pour le hanneton, qui, du reste, me sert d'amusement chaque année.

Le grand-papa. — Amusement cruel, mon enfant ; car tu te fais un jeu de l'agonie d'un être faible et d'autant plus pressé de vivre qu'il est à la plus belle époque de son existence.

L'enfant. — Mais, grand-papa, je ne le fais pas souffrir, je lui attache un fil à la patte pour qu'il ne s'échappe pas, et je l'excite à se donner le plaisir de voler.

Le grand-papa. — Mais ce fil qui te paraît si léger est, pour le hanneton, ce que serait pour toi le câble d'un navire ; puis tu lui serres la patte fortement, et parce que sa douleur est muette, tu penses qu'il ne souffre point. Ajoute que l'insecte est affaibli déjà par un jeûne de six mois, et tu ne songes guère à le nourrir, lui qui n'a plus à vivre qu'une quinzaine de jours.

L'enfant. — Comment se partage donc la vie du hanneton ?

Le grand-papa. — Sa vie comprend trois années, mais il ne devient insecte aérien que vers les derniers jours de son existence, qui s'est passée fort obscure sous le sol. Le hanneton, dans sa vie souterraine, a le nom de ver blanc ; c'est alors que la taupe le recherche activement, car c'est alors surtout qu'il peut nuire aux cultures. Enfin, pour passer de l'état de ver blanc à l'état d'insecte ailé, il éprouve un état intermédiaire marqué par une diète de six mois.

Il est un autre insecte qui partagerait plus souvent le triste sort du hanneton, s'il n'était en partie sauvegardé par sa petitesse.

L'enfant. — Comment sa petitesse peut-elle le garantir?

Le grand-papa. — En lui facilitant le moyen de se cacher.

L'enfant. — Ainsi, grand-papa, ce qui fait sa faiblesse fait aussi sa sauvegarde.

Le grand-papa. — Oui, mon enfant; c'est une sorte de compensation que la Providence ménage toujours aux êtres les plus petits.

L'enfant. — Quel est donc, je vous prie, cet insecte?

Le grand-papa. — Tu vas le reconnaître sans doute et le nommer toi-même. Il est de forme hémisphérique, c'est-à-dire très-bombée. Comme le hanneton, il a deux paires d'ailes : les unes, cornées et protectrices, les autres membraneuses; et propres au vol, qu'on appelle élytres. Son système de coloration se caractérise par un certain nombre de points géométriquement distribués sur un fond qui est toujours d'une teinte plus ou moins vive. Au moment du danger, dès qu'il sent qu'on veut le saisir, il replie ses pattes et semble se réfugier sous ses élytres, comme la tortue, quand elle est menacée , se recueille sous sa carapace.

L'enfant. — Grand-papa, je cherche dans mes souvenirs, et n'ai pas la moindre idée de cet insecte, ce qui me fait espérer que je n'aurai pas à m'avouer coupable envers lui de quelque méfait. Dites-moi donc, grand-papa, quel est le nom de cet insecte.

Le grand-papa. — Cet insecte porte dans la science le nom de coccinelle, mais l'homme des champs, pour en exprimer le rôle bienfaisant, l'appelle *bête à Dieu*.

L'enfant. — Eh bien, grand-papa, je dois me reprocher encore d'avoir quelquefois tourmenté, sans le savoir, ce joli petit insecte, que désormais je me promets bien de respecter.

Le grand-papa. — D'autant plus, mon enfant, que celui-ci ne nous cause jamais le moindre dommage. C'est une sorte de garde-champêtre qui a pour fonctions de veiller sur les fleurs. Il ne nous demande pas même pour salaire sa nourriture; car il ne vit que d'insectes presque microscopiques, qui paissent en nombreux troupeaux notamment sur la feuille du rosier.

L'enfant. — En nombreux troupeaux sur une feuille de rosier !

Le grand-papa. — Oui, et ces troupeaux, qui semblent errer à l'aventure, sont cependant sous la garde d'une vigilante bergère qui les ramène le soir au logis.

L'enfant. — Je ne puis contenir ma surprise. Et quelle est donc cette étonnante bergère ?

Le grand-papa. — C'est une bergère sans houlette, c'est une fourmi.

L'enfant. — Une fourmi !

Le grand-papa. — Qui ne cesse de courir tout autour de la feuille pour que les troupeaux ne puissent se disperser.

L'enfant. — Et pourquoi donc toute cette sollicitude, grand-papa ?

Le grand-papa. — C'est que ces petits insectes transparents sont de véritables brebis ou vaches laitières qui fournissent à la fourmilière un miel délicat dont les jeunes fourmis sont très-friandes. Dès que les troupeaux sont rentrés à l'étable qui leur est préparé, la fourmi bergère les confie à la fourmi vachère, qui va les traire avec soin et mettre le miel en réserve dans des petites cavités disposées tout exprès.

L'enfant. — Que de merveilles qui restent ainsi tout à fait ignorées! Oh! quel instinct singulier que celui de la fourmi! Mais, je me demande pourquoi la coccinelle vient attaquer ces petits troupeaux inoffensifs.

Le grand-papa. — Ces petits troupeaux dévoreraient toutes les feuilles du rosier et le feraient périr. La coccinelle est chargée de limiter le nombre de ces insectes microscopiques, qui se multiplient dans une incroyable proportion. Quand elle vient surprendre les troupeaux dans leur immense pâturage, la bergère lui fait sa part pour sauver tout le reste, et elle pousse les brebis vers la fourmilière, tandis que d'autres fourmis, accourues du pied de l'arbuste, retardent la marche de la coccinelle en s'attachant à chacune de ses pattes.

L'enfant. — Quelle scène charmante!

Le grand-papa. — Dans cette lutte des instincts, tu vois comme tout se balance pour maintenir partout l'équilibre le plus parfait.

Hélas, il n'y a que l'homme qui trouble parfois, et à son détriment, l'économie merveilleuse de la nature! Comment ne pas déplorer surtout cette guerre inexorable qui s'attaque aux êtres les plus utiles et les plus innocents, au rossignol, à la fauvette! Et n'essayons pas de calculer, par exemple, tout le dommage que cause l'enfant sauvage qui s'empare d'un seul nid de fauvette. Car enfin, pour elle-même ou pour ses petits, la fauvette détruit chaque jour plus de trois cent soixante chenilles ou larves, et, par conséquent, plus de dix mille dans un mois.

L'enfant. — Or, ces dix mille chenilles, pour se nourrir elles-mêmes, doivent porter le ravage sur nos moissons et sur nos fruits.

Le grand-papa. — Et nous n'avons parlé que d'un seul nid de fauvette; que serait-ce donc s'il s'agissait de dix mille nids! Le produit de dix mille par dix mille, s'élève à cent millions ! Et nous sommes encore bien loin du chiffre réel, mon enfant, parce que nous ne comptons pas les innombrables chenilles qui doivent naître à leur tour des cent millions de chenilles que la fauvette aurait détruites.

L'enfant. — Il en résulte un préjudice vraiment incalculable.

Le grand-papa. — Et n'est-il pas indigne aussi de ne pas même laisser en paix la fauvette, que signalent à la fois et l'aménité de ses mœurs, et la gratuité de ses services, et la mélodie de sa voix ! oui, Dieu créa la tribu des chanteurs du bocage comme un des charmes du printemps ; mais, alliant toujours l'utile à l'agréable, Dieu fit, de ces aimables artistes, d'actifs échenilleurs qui, tout en égayant nos campagnes, protégent, mieux que nous, nos vergers et nos champs.

Le grand-papa. — Je termine en reprenant une pensée qui te concerne. J'ai dit que ton âge est le printemps de la vie, c'est-à-dire qu'il est, pour les qualités de l'âme, l'époque de la floraison, ainsi que le printemps pour les produits de la terre. Or les fleurs morales, comme les fleurs naturelles, exigent une surveillance et des soins, afin qu'elles puissent, un jour, donner des fruits. C'est à ce résultat définitif que doit tendre toute éducation, comme toute culture ; car, ne l'oublions pas, pour l'âme comme pour la plante, la fleur n'est qu'une promesse, le fruit seul est une réalité.

CHAPITRE III

L'ÉTÉ

L'enfant. — Grand-papa, l'Été serait une saison magnifique, s'il n'avait deux graves inconvénients : d'abord son excessive chaleur, et puis ses terribles orages.

Le grand-papa. — Comment pourrait-on méconnaître la magnificence de l'Été? Tout y resplendit à la fois au firmament, sur la terre, dans l'air et dans l'eau. Le soleil semble, de ses rayons éblouissants, occuper seul tout le ciel, il décore somptueusement la terre en y exaltant toutes les teintes dans les plantes comme dans les animaux ; il multiplie les fruits, qui, tout aussi nombreux que les fleurs, rivalisent avec elles de couleur, de forme et de parfum, et l'on dirait enfin que l'air est devenu plus transparent et l'eau plus limpide, pour mieux laisser voir dans tout leur éclat et l'aile de l'insecte et l'écaille du poisson. Mais, mon enfant, l'Été ne doit pas être seulement une saison magnifique, il doit être en même temps une saison efficace ; et c'est ici que les deux prétendus inconvénients que tu lui reproches vont devenir, au contraire, deux grandes utilités.

L'enfant. — Tout en admirant le spectacle splendide de l'Été, je ne songeais guère à supposer fort utiles ni les chaleurs excessives, qui me sont insupportables, ni le tonnerre, qui me fait peur.

Le grand-papa. — Mon enfant, pour bien apprécier un fait, il ne faut pas le considérer par un seul point et surtout du côté que choisit tout d'abord l'intérêt personnel. Comprendre signifie entourer, envelopper ; donc, pour bien comprendre un fait, on doit l'examiner sous toutes ses faces et, pour ainsi dire, en faire tout le tour. Avant d'articuler tes griefs contre l'Été, tu ne t'es pas même demandé peut-être quelles sont les fonctions qu'il doit remplir.

L'enfant. — J'avoue que je ne me suis pas

adressé cette question, et d'autant moins, grand-papa, que je ne saurais y répondre.

Le grand-papa. — La principale fonction de l'Été, c'est de mûrir les céréales, c'est-à-dire les plantes alimentaires par excellence. Or, pour que la farine abonde dans le grain, il faut que le liquide qui, sous le nom de séve, lui porte les éléments de cette farine, s'évapore très-vite, c'est-à-dire dès qu'il a pénétré dans l'épi.

L'enfant. — Mais, grand-papa, pourquoi donc toute cette vitesse ?

Le grand-papa. — La séve, afin de circuler aisément dans les organes menus de la plante, doit être assez fluide et, par conséquent, peu chargée de matériaux. Il faut donc qu'elle se renouvelle sans cesse, c'est-à-dire qu'elle monte vite et s'évapore de même, afin que ses apports se succèdent rapidement. Mais l'évaporation ne peut être accélérée que par la chaleur. Ainsi, sans chaleur assez intense, pas de farine ; et sans farine, pas de pain.

L'enfant. — Pas de pain !

Le grand-papa. — Pas de vin, pas de sucre et, pour ainsi dire, pas de fruits.

L'enfant. — Oh! désormais bénie soit la chaleur, puisque sans elle nous n'aurions ni pain, ni vin, ni sucre, ni fruits !

Le grand-papa. — Nous serions privés encore de bien d'autres produits. Mais ne nous arrêtons pas uniquement à ce qui nous touche de si près. Considérons plus loin les offices de la chaleur. Par exemple, d'innombrables animaux, tels que les reptiles, les poissons, les insectes, produisent des œufs, sans avoir, comme les oiseaux, la température nécessaire pour les couver. C'est le soleil qui est chargé de ce soin. Or, pour qu'il puisse y suffire, il faut que ses rayons aient une certaine intensité, car l'animal cache ses œufs dans la vase, dans le sable ou sous les feuilles, afin de les dérober à la vue de l'ennemi qui les recherche ; de plus, tous ces animaux à sang froid, éclos par le soleil, n'entrent que par lui dans leur pleine activité.

L'enfant. — Je me rappelle, en effet, que le froid les frappe d'un complet engourdissement.

Le grand-papa. — Ainsi, par sa lumière, le soleil embellit la terre sur tous les points, et, par sa chaleur, il la féconde dans les plantes et même dans les animaux inférieurs.

L'enfant. — Il me semble, grand-papa, qu'il se mêle pourtant à ces deux résultats quelques fâcheuses circonstances. Ainsi, le ruisseau s'épuise, la fleur s'étiole, l'herbe se flétrit et la poussière se soulève au moindre vent.

Le grand-papa. — C'est vrai, mon enfant, mais tout va se réparer spontanément.

L'enfant. — Eh ! par quel moyen ?

Le grand-papa. — Précisément par cette pluie d'orage que tu reproches à l'Été.

L'enfant. — Mais, grand-papa, l'orage annonce naturellement un sinistre, et les circonstances qui caractérisent ce phénomène justifient, en effet, toute l'appréhension qu'il excite. Le ciel est noir, l'atmosphère est pesante, les nuages sont épais et bas, et, tandis que l'éclair aveugle et que le tonnerre assourdit, des torrents de pluie ou même de grêle crépitent sur le sol, brisent les épis, ravagent les vergers, mutilent les arbres et frappent d'effroi les animaux eux-mêmes.

Le grand-papa. — Je vois, mon enfant, que tu signales fort bien le mauvais côté du phénomène. Mais, réfléchis maintenant et fais le tour de la question. De quoi s'agit-il? Il s'agit de restituer au sol l'énorme quantité d'eau que lui a fait perdre une évaporation, fort nécessaire sans doute, mais très-active. Eh bien, la pluie d'orage n'est-elle pas le mode le plus expéditif pour obtenir ce résultat? Par son abondance même, la pluie nettoie l'atmosphère et, en même temps, la foudre la purifie; le ruisseau renaît aussitôt, la fleur reprend sa fraîcheur, la prairie sa verdure et le feuillage des arbres, qui était souillé par la poussière, reparaît net et lustré.

L'enfant.—Est-ce que l'eau dont la terre a besoin ne pourrait pas lui être rendue plus lentement?

Le grand-papa. — N'oublie pas quelle est la principale fonction de l'Été, mon enfant, et tu comprendras combien il importe, au contraire, qu'à cette époque la pluie soit de courte durée, afin que la maturation des céréales n'éprouve pas un temps d'arrêt. Donc il ne faut pas que l'action du soleil soit longtemps suspendue. Aussi voyons-nous apparaître bientôt l'arc-en-ciel, gracieux précurseur, qui témoigne, en effet, que l'épreuve est finie.

L'enfant. — En citant l'arc-en-ciel, grand-papa, vous soulevez une question qui m'embarrasse infiniment. Ce phénomène est, sans doute, très-gracieux à voir, mais très-difficile à comprendre. Comment, en effet, peuvent se produire dans l'air ces bandes demi-circulaires qui sont si diversement colorées.

Le grand-papa. — Je vais essayer de te répondre, en m'abstenant de toute expression scientifique, car nous ne sommes pas arrivés encore à l'étude de la lumière. C'est te dire que tu dois suppléer par ton attention aux connaissances premières qui te manquent sur cette branche importante de la physique.

L'enfant.— Vous pouvez compter, grand-papa, que je ne perdrai pas un seul de vos mots.

Le grand-papa. — Pour que l'arc-en-ciel se produise, il faut le concours simultané du soleil et de la pluie. Le rayon solaire porte en lui toutes les couleurs.

L'enfant. — Toutes les couleurs !

Le grand-papa. — Toutes, et elles sont innombrables. Quand toutes ces couleurs sont ainsi réunies, elles se confondent ensemble et composent le blanc. Mais, quand elles se séparent, on y distingue six couleurs principales : le rouge, l'orangé, le jaune, le vert, le bleu et le violet. On pourrait toutefois les ramener à trois couleurs essentielles : le rouge, le jaune et le bleu. Car toutes les autres dérivent de ces trois, qui pour ce motif sont appelées couleurs primitives : l'orangé n'étant qu'un mélange de rouge et de jaune, comme le vert est un mélange de jaune et de bleu, comme le violet est un mélange de bleu et de rouge.

L'enfant. — Mais grand-papa, vous m'avez dit, je crois, que les couleurs sont innombrables, et vous les réduisez à six ou même à trois.

Le grand-papa. — En ramenant aux trois couleurs primitives toutes les autres couleurs, ou n'en diminue pas le nombre, pas plus qu'on ne l'a restreint, en constatant que toutes les couleurs sont comprises dans le blanc. En effet, on passe du rouge au jaune par des nuances indéfiniment graduées dont le terme moyen est l'orangé ; on passe du jaune au bleu par d'innombrables intermédiaires dont le terme moyen est le vert ; comme aussi le passage du bleu au rouge

est établi par des milliers de nuances successives dont le terme moyen est le violet.

L'enfant. — Que de merveilles, grand-papa,
dans un simple rayon de lumière !

Le grand-papa. — Nous y remarquerons
plus tard beaucoup d'autres merveilles, mon enfant ; mais revenons bien vite à la question de
l'arc-en-ciel. Lorsque, sous une certaine inclinaison, le rayon solaire pénètre dans une
goutte de pluie, par exemple, il y décrit une
courbe qui le fait arriver si obliquement à la
surface limite de la goutte d'eau qu'il s'y réfléchit comme sur un miroir. Il est ainsi renvoyé
dans une direction contraire, et c'est dans cette
direction qu'il sort de la goutte d'eau, mais il
en sort décomposé.

L'enfant. — Et pourquoi le rayon qui passe
à travers une simple goutte de pluie est-il décomposé ?

Le grand-papa. — A son entrée d'abord et
puis à sa sortie, il est dévié. Or cette double déviation sépare les couleurs qui le composent,
parce que l'orangé est plus dévié que le rouge, le
jaune est plus dévié que l'orangé, le vert l'est

plus que le jaune, et ainsi de suite jusqu'au violet, qui de tous est le plus dévié.

L'enfant. — Il est évident que les couleurs se trouvent ainsi dispersées.

Le grand-papa. — Pour que l'arc-en-ciel soit visible, il faut donc que l'observateur, en regard du nuage pluvieux, ait derrière lui le soleil, afin d'être ainsi placé dans la direction du rayon réfléchi.

L'enfant. — En effet, puisque le rayon solaire sort de la goutte d'eau par la surface même par laquelle il est entré, l'observateur, pour le recevoir, doit être placé du même côté que le soleil; mais il doit tourner le dos à cet astre, puisqu'il doit faire face au nuage pluvieux d'où lui vient le rayon réfléchi.

Le grand-papa. — C'est bien. Il faut aussi que le soleil ne soit pas trop élevé pour que le rayon soit réfléchi vers l'horizon. Aussi l'arc-en-ciel n'apparaît-il que le matin ou le soir, et la partie visible est-elle d'autant plus grande que le soleil est plus près de l'horizon. Comprends-tu qu'en effet l'arc-en-ciel n'est plus visible, par exemple, à midi.

L'enfant. — Je comprends un peu, grand-papa, mais pas assez.

Le grand-papa. — Tu sais que la sortie du rayon s'effectue par la surface même d'entrée ; si donc le soleil est très-élevé, le rayon entrera par la surface supérieure et le rayon réfléchi sortant de cette surface passera fort au-dessus de l'observateur.

L'enfant. — Je comprends parfaitement, mais je suis stupéfait de toutes les conditions qu'exige un phénomène qui paraît si simple.

Le grand-papa. — Il y a cependant encore une condition pour que l'arc-en-ciel soit visible : il faut qu'une nuée obscure se trouve derrière le nuage pluvieux, afin qu'aucune lumière ne vienne de ce point se mêler au rayon qui doit former l'arc-en-ciel. Enfin il est une remarque importante que je dois te signaler. Puisque les couleurs qui sortent de la goutte d'eau s'écartent les unes des autres et se dispersent, l'observateur ne peut absolument en recevoir qu'une seule, et cette couleur est celle qui par son degré de déviation arrive exactement à l'œil de l'observateur.

L'enfant. — Mais alors, grand-papa, comment peut-il y avoir l'image de l'arc-en-ciel?

Le grand-papa. — Dans le nuage pluvieux il y a des milliers de gouttelettes qui, se trouvant dans la même position par rapport à l'observateur, lui renvoient toutes la même couleur et produisent ainsi par leur ensemble toute une bande coloriée. Les plus hautes gouttelettes forment la bande rouge, qui est au-dessus et la moins déviée; la plus basse forme la bande violette, qui est au-dessous et qui est la plus déviée. J'ajoute que les mêmes gouttelettes ne produisent pas la même couleur pour divers observateurs placés à côté les uns des autres; chacun d'eux voit, en effet, son arc-en-ciel particulier.

L'enfant. — Il en doit être ainsi, grand-papa, puisqu'ils occupent des points différents, et que dès lors la même gouttelette ne peut pas être dans le même rapport avec chacun d'eux.

Le grand-papa. — Maintenant comprends-tu pourquoi l'arc-en-ciel annonce la fin de l'orage?

L'enfant. — Pas très-bien, grand-papa.

Le grand-papa. — C'est qu'il manifeste, par

une éclaircie, que le soleil va reprendre la souveraineté de l'horizon.

L'enfant. — L'arc-en-ciel me rappelle, en effet, la consolante promesse que Dieu fit à Noé; je ne m'étonne donc pas qu'il soit salué partout comme un phénomène bienfaisant. D'un autre côté, d'après ce que vous avez bien voulu m'enseigner, je ne conteste plus l'utilité de l'orage ; mais les dégâts qu'il produit ne pourraient-ils pas, du moins, nous être épargnés?

Le grand-papa. — Il est des moments où l'atmosphère doit être brassée de fond, en comble pour être salubre, ce qui exige l'intervention d'une force énergique et même violente. Or qui veut la fin veut les moyens. Remarquons seulement que ces tempêtes électriques sont rares, et que les dommages d'ailleurs sont circonscrits à quelques points, tandis que l'intérêt général profite des avantages qui en résultent. Quand le laboureur recueille une riche moisson, regrette-t-il d'y avoir sacrifié la dépense du semis? Prenons même un exemple d'un ordre plus élevé. A chaque triomphe de nos armes on chante un *Te Deum* et l'on glorifie d'autant plus la bataille, que le résultat en est plus décisif ; et pourtant la plus belle victoire n'a-t-elle pas à mettre elle-même un crêpe au drapeau ?

L'enfant. — Je comprends, grand-papa, et je regrette d'avoir donné peut-être à quelques-unes de mes paroles les apparences d'une objection.

Le grand-papa. — Par une pente naturelle, notre esprit tend à l'objection. Cette tendance est légitime dans le domaine du raisonnement, mais il faut éviter l'hyperbole, défaut très-ordinaire à ton âge. Ainsi tu appelles insupportable la chaleur de l'Été ; il eut été suffisant de dire qu'elle est incommode. Cependant la température de notre corps n'en est pas sensiblement modifiée, et puis, comme circonstance atténuante, cette chaleur extrême ne dure que quelques jours. Pendant ces quelques jours, elle n'est même pas continue, puisqu'il y a l'intermittence de la nuit, augmentée des heures de l'aurore et du crépuscule.

L'enfant. — Je reconnais maintenant toute la nécessité d'une certaine température pour mûrir la moisson. Je reconnais aussi toute l'importance de la pluie d'orage pour arroser promptement le sol desséché par cette forte chaleur. Mais je ne comprends pas comment la foudre purifie l'atmosphère.

Le grand-papa. — **La** chaleur qui évapore l'eau, mon enfant, évapore aussi des substances diverses qui montent dans l'air avec la vapeur pour en redescendre avec la pluie. Quelques-unes de ces substances rendraient l'air délétère, si elles s'y trouvaient en trop grande proportion; mais la foudre vient à propos les transformer en produits utiles, et c'est ce qui rend la pluie d'orage si nutritive pour les plantes.

L'enfant. — Je vois qu'il ne me reste plus contre l'orage que la frayeur que me cause le tonnerre.

Le grand-papa. — Mais, mon enfant, le tonnerre n'est pas à craindre.

L'enfant. — Oh! grand-papa, je tremble encore au souvenir de l'épouvantable impression qu'il me fit l'an dernier.

Le grand-papa. — Tu commets sur la nature du tonnerre une erreur qui est encore assez commune. Écoute-moi bien. Dans la décharge d'une arme à feu, est-ce le bruit qui blesse ou qui tue?

L'enfant. — Non, grand-papa; c'est la balle ou le boulet que projette l'arme à feu.

Le grand-papa. — Et que, pour ce motif, on appelle *projectile*. Eh bien, le tonnerre n'est que le bruit provenant de la décharge d'un nuage orageux ; par conséquent, là n'est pas le danger.

L'enfant. — Quand le tonnerre gronde, il faut bien pourtant que le danger soit quelque part.

Le grand-papa. — Sans doute, mais il n'est pas dans le tonnerre. Je m'explique. La décharge d'un nuage orageux présente trois phénomènes distincts : la foudre ou phénomène électrique, l'éclair ou phénomène lumineux, le tonnerre ou phénomène sonore. La foudre est ici le phénomène redoutable.

L'enfant. — Et dans quel cas une personne est-elle foudroyée ?

Le grand-papa. — *Quand elle sert de conducteur à l'électricité*, répond la physique.

L'enfant. — Soyez assez bon, grand-papa, pour m'expliquer cette réponse de la science.

Le grand-papa. — Je vais avoir recours à l'analogie que nous a déjà fournie l'arme à feu ;

et je te demande dans quel cas on est atteint par la balle ou par le boulet.

L'enfant. — C'est quand on se trouve sur le trajet du projectile.

Le grand-papa. — De même, dans la décharge d'un nuage orageux, on est atteint quand on se trouve sur le trajet de l'électricité. Or le mouvement électrique peut s'effectuer du nuage à la terre, et alors la foudre est descendante ; ou bien de la terre au nuage, et alors la foudre est ascendante ; ou bien enfin d'un nuage à l'autre, et alors la foudre peut être horizontale. Il n'est donc pas exact de dire d'une manière absolue que la foudre *tombe*, puisqu'elle peut se diriger dans tous les sens.

L'enfant. — Je comprends qu'on ne risque rien quand la foudre passe d'un nuage à l'autre; car on ne se trouve pas alors sur son trajet; mais le danger est-il égal lorsque la foudre est ascendante ou descendante?

Le grand-papa. — Le danger est le même; seulement on est foudroyé ou par les pieds ou par la tête, ce qui ne change rien au résultat.

L'enfant. — C'est terrible, grand-papa. Il n'y

donc pas un moyen de s'abriter contre la foudre?

Le grand-papa. — Il y d'abord le paratonnerre.

L'enfant. — Il me semble qu'il serait mieux
de dire parafoudre.

Le grand-papa. — Par cette figure littéraire
qu'on appelle métonymie et qui consiste, par
exemple, à prendre l'effet pour la cause, on
avait dit d'abord tonnerre au lieu de foudre;
par suite, on a dit paratonnerre, et j'avoue que
la métonymie me paraît un peu forcée. Quoi
qu'il en soit, il faut se soumettre à l'usage qui,
dans le langage, s'impose en maître absolu, sans
être toujours d'accord avec le bon sens. Le paratonnerre est une tige métallique qui présente à
l'électricité une voie plus commode et plus
courte. Mais le paratonnerre est un danger bien
plus qu'un préservatif, s'il n'est pas établi dans
les conditions convenables. Un autre moyen de se
garantir de la foudre consisterait à s'isoler complétement dans une chambre où le parquet, le
plafond et les parois latérales seraient en verre,
parce que le verre refuse passage à l'électricité.
Mais ce préservatif n'est guère praticable. Tou-

tefois on peut, par certaines précautions, diminuer ordinairement le danger. Par exemple, il ne faut pas se mettre sous un arbre, sous un clocher. On risque moins dans la plaine que sur la montagne, moins sur une place que dans un édifice, moins au milieu d'une chambre que près des murs, moins quand on est seul que si l'on se trouve dans une nombreuse assemblée.

L'enfant. — Tout cela n'est pas rassurant.

Le grand-papa. — Braver la foudre serait une témérité ridicule, un acte insensé, car c'est un agent d'une formidable puissance. Toutefois pour ne pas tomber dans une vaine frayeur, rappelons-nous que notre existence ne tient qu'à un fil que mille accidents peuvent rompre. Mais ce fil est entre les mains de Dieu, qui ne nous garde ainsi dans une dépendance continue que pour renouveler sans cesse en nous son action providentielle. Que la voix retentissante de la foudre ne nous soit donc qu'un salutaire avertissement.

L'enfant. — Il est des éclairs qui ne m'effraient point; on les appelle, je crois, éclairs de

chaleur. Il y aurait donc des orages sans tonnerre?

Le grand-papa. — Ces éclairs, improprement
appelés éclairs de chaleur, sont les lueurs, les
reflets d'orages lointains, qui éclatent fort au-
dessous de notre horizon ; le tonnerre qu'ils produisent est tellement affaibli par la distance qu'il
n'est plus sensible à l'oreille. Mais, ce qui va te
surprendre sans doute, c'est que la personne
foudroyée n'entend jamais le bruit de la décharge
électrique. Le tonnerre n'a pas le temps de lui
parvenir. De même, la personne tuée par la
balle ou par le boulet n'entend pas l'explosion
de l'arme à feu, parce que le projectile, ayant
une vitesse d'environ 400 mètres par seconde,
devance un peu le son, qui ne parcourt par seconde que 340 mètres. Mais, dans la décharge
d'un nuage orageux, l'électricité devance de
beaucoup le tonnerre, et même c'est à peine si
la personne foudroyée peut voir l'éclair, parce
que l'électricité lui arrive plus vite peut-être que
la lumière. Quoi qu'il en soit, le temps qui s'é-
coule entre l'éclair et le tonnerre, c'est-à-dire
entre la perception de la lumière et la per-

ception du son, mesure la distance qui nous sépare du nuage orageux.

L'enfant. — Expliquez-moi cela, je vous prie, grand-papa, car j'aurai moins de frayeur quand j'aurai la certitude que le nuage orageux est très-éloigné.

Le grand-papa. — Vaine ressource, mon enfant! Nos plus grandes distances terrestres ne sont rien pour l'électricité, qui ferait huit fois le tour du globe en une seconde. Sa vitesse est d'environ 80,000 lieues par seconde, et la circonférence de la terre est de 10,000 lieues.

L'enfant. — Mais qu'est-ce donc que cette électricité, grand-papa?

Le grand-papa. — C'est la cause mystérieuse de certains phénomènes qu'on appelle électriques, parce qu'on les remarqua d'abord dans une résine fossile (l'ambre jaune) que les Grecs appelaient *électron*. Nous ignorons complétement la nature de l'électricité, mais nous en connaissons plusieurs propriétés merveilleuses; nous sommes parvenus à nous en faire un messager docile, presque aussi rapide que la pensée. Je t'ai fait remarquer souvent ces fils métalliques par lesquels elle transmet au loin nos dépêches; nous aurons à nous arrêter un jour sur cette fonction importante de l'électricité. Je dois aujourd'hui te donner l'explication que. tu m'as demandée et qui pourra te servir dans plus d'une circonstance. Je t'ai dit que le temps qui s'écoule entre la perception de l'éclair et la perception du tonnerre mesure la distance qui nous sépare du nuage orageux. En effet, s'il s'écoule une seconde, c'est que le nuage est à 340 mètres, puisque le son parcourt 340 mètres par seconde; s'il s'écoule dix secondes, c'est que le nuage est à 3,400 mètres.

L'enfant. — Mais, pour utiliser cet artifice de la science, il faut avoir une montre à secondes, et je n'en ai point.

Le grand-papa. — Tu te trompes, mon enfant, tu portes en toi-même une horloge qui bat à peu près la seconde. Cette horloge c'est ton cœur, dont les battements se traduisent par ceux du pouls. Mais, je t'avertis, si tu as peur au moment de l'expérience, tu dérangeras beaucoup le mouvement de cette horloge.

L'enfant.— Voici donc que je puis désormais

résoudre deux questions : l'une, que je me suis posée plusieurs fois sans pouvoir la résoudre ; l'autre, à laquelle j'étais bien loin de songer. Souvent en voyant un chasseur qui déchargeait son fusil dans la plaine, j'ai remarqué que je n'entendais l'explosion qu'après un certain temps. Je sais maintenant que ce retard provient de la vitesse très-inégale de la lumière et du son. Je sais de plus que, par les battements de mon pouls, je pourrai savoir à quelle distance se trouve le chasseur.

Le grand-papa. — Dans les altérations du pouls, le médecin habile trouve les indications qui l'éclairent sur l'état maladif des organes qu'il ne peut explorer directement.

L'enfant. — Que vous êtes heureux, grand-papa, de savoir toutes ces choses, et combien je vous remercie de vouloir bien me les faire connaître !

Le grand-papa. — Mais ici, mon enfant, quelle leçon ! Les montres à secondes mesurent les courtes durées, et c'est une horloge à secondes qui, au dedans de nous-mêmes, mesure la durée de notre vie ! N'en devons-nous pas conclure quel est le prix du temps et combien il importe d'en bien régler l'emploi?

L'enfant.— Avec vous, grand-papa, le temps est toujours employé d'une manière aussi agréable qu'utile. Et si je ne craignais de vous fatiguer en prolongeant vos patientes explications, je voudrais bien vous soumettre encore une remarque qui est relative à l'électricité.

Le grand-papa.— A ce titre, mon enfant, elle mérite d'être prise en toute considération, car cette partie de la physique acquiert de jour en jour plus d'importance.

L'enfant. — Vous m'avez fait lire avec soin les pages de la Genèse où Moïse raconte les six jours de la Création.

Le grand-papa. — En effet, j'ai dû, mon enfant, arrêter ton attention sur la majestueuse simplicité de ces pages, qui nous enseignent l'origine des choses et surtout la naissance de l'homme sortant à l'état parfait des mains du Créateur.

L'enfant. — Or Moïse dit bien que Dieu créa la lumière, mais il ne parle point de l'électricité.

Le grand-papa. — C'est vrai; et pourtant Moïse devait se rappeler la scène terrifiante du mont Sinaï. Il ne parle pas non plus de la chaleur, et cependant il en avait éprouvé tous les effets dans le désert brûlant de l'Arabie.

L'enfant. — Est-ce que ce premier de tous les historiens aurait donc commis de telles omissions?

Le grand-papa. — Le caractère privilégié de Moïse ne permet pas assurément de le supposer.

L'enfant. — Mais alors, grand-papa, comment expliquer cette double réticence?

Le grand-papa. — Mon enfant, la question est fort délicate, et je ne prétends pas la résoudre. Peut-être que, pour Moïse, la lumière, la chaleur et l'électricité n'étaient que trois manifestations d'un même agent; et dès lors, pour signaler cet agent, Moïse n'aurait cité que celle des trois manifestations qui est la plus frappante et la mieux appropriée à son récit essentiellement descriptif. Note bien que je dis *peut-être*, ne voulant pas que ma parole aille plus loin que ma pensée. Je reste ainsi dans les limites d'une simple hypothèse. Toutefois je dois ajouter que la science elle-même se pose aujourd'hui cette question considérable : les phénomènes lumineux, caloriques et électriques ne seraient-ils que trois modes de mouvement qui résulteraient d'une force unique ?

L'enfant.—Mais comment expliquer tout cela ?

Le grand-papa. — On y serait aidé par de nombreuses analogies. Remarquons seulement que dans l'éclair lui-même nous trouvons associées, sans se confondre, la lumière, la chaleur et l'électricité.

L'enfant. — Grand-papa, d'après ce que vous m'apprenez de la foudre, je vois qu'il n'est pas déraisonnable d'en éprouver quelque frayeur. Je ne sais s'il en est de même à l'égard d'un autre phénomène que je n'ai vu, je crois, que dans cette saison et qu'on appelle vulgairement feux follets.

Le grand-papa. — Les feux follets résultent d'un gaz composé d'hydrogène et de phosphore, c'est-à-dire de deux corps éminemment combustibles. Les feux follets s'enflamment au simple contact de l'air; ils se dégagent, en été, du sol et de l'eau; ils sont produits par la décomposition d'animaux putréfiés, soit dans le sol des cimetières, soit dans la boue des marais. On ne les voit pas dans le jour, parce que leur faible lueur est éclipsée par l'éclat du rayon solaire; mais, la nuit, ils ont un certain éclat.

L'enfant. — Mais, grand-papa, chose bien étrange, un de ces feux follets m'a poursuivi l'an dernier; j'en étais paralysé de terreur.

Le grand-papa.— Puisque tu personnifies les feux follets, je vais continuer le métaphore en te disant que les feux follets ne songeaient guère à te poursuivre; ils obéissaient, au contraire, à l'impulsion que tu imprimais toi-même à l'air en fuyant. Songe bien, mon enfant, que les feux follets, qui sont plus légers que l'air, en suivent nécessairement la direction. En marchant sur eux, au contraire, tu les chasseras toujours devant toi, parce que tu pousseras l'air qui leur sert de véhicule. Les feux follets sont à peu près comme ces faux braves, qui ne sont redoutables que parce qu'on les craint.

L'enfant.—Certainement, à la première occasion, je ne manquerai pas d'en faire l'expérience.

Mais, il est encore une question qui me pré-occupe. Hélas, quand on est ignorant, on rencontre à chaque pas des difficultés qui sont insurmontables. Ainsi, je ne puis comprendre que le soleil soit le foyer de la lumière, puisque la création de la lumière précéda celle du soleil.

Le grand-papa. — Le soleil n'est pas le foyer, mais un des foyers de la lumière. La lumière, sortie du néant avant le soleil, existe donc indépendamment de cet astre. Ce n'est pas du soleil que les innombrables étoiles du firmament tiennent leur éclat. Ce n'est pas au soleil que l'éclair doit son éclat, puisqu'il brille d'autant plus que la nuit est plus obscure. Ce n'est pas au soleil que la flamme de nos bougies et le singulier luminaire du ver luisant doivent leur éclat, puisque, sous les rayons solaires, cette flamme pâlit et ce luminaire s'éteint. Le soleil, comme tous les corps qui sont lumineux par eux-mêmes, a la propriété de mettre en vibration une substance impondérable, que la physique appelle éther, comme un instrument de musique a la propriété de mettre l'air en vibration. L'éther en vibration, c'est la lumière; comme l'air en vibration, c'est le son; l'éther au repos, c'est l'obscurité; comme l'air au repos, c'est le silence. Et, de même que l'instrument de musique ne perd rien de sa propre substance quand il produit le son, de même le soleil ne perd rien de sa propre subtance quand il produit la lumière. Nous aurons à revenir sur cette étude. Aujourd'hui sachons en retirer ce haut enseignement : c'est que le grand miracle de la Création commence par un mystère. Au seuil du monde physique, Dieu place en effet la lumière, c'est-à-dire le phénomène qui est à la fois le plus évident et le plus incompréhensible. N'est-ce pas ainsi nous préparer, en quelque sorte, à tous les mystères du monde surnaturel !

CHAPITRE IV

L'AUTOMNE

L'enfant. — Grand-papa, l'Automne me plaît infiniment : c'est la saison des vendanges, c'est aussi la fête des écoles, puisque c'est l'époque des vacances.

Le grand-papa. — Mon enfant, ton éloge si diversement motivé de l'Automne contient une expression insuffisante. En disant que cette saison te plaît, tu pourrais faire supposer que tu ne l'apprécies que pour l'agrément qu'elle peut offrir. Sans doute, l'Automne est agréable par sa température modérée, par ses jours encore assez longs, par ses nombreuses fleurs et surtout par ses fruits qui, plus nombreux encore que ses fleurs, rivalisent avec elles de forme, de nuance et de parfum. Et puis, c'est la dernière parure de l'année ; par cela même, le regard s'y complaît d'autant plus qu'un charme particulier s'ajoute toujours au bien que l'on va perdre. Mais l'Automne se recommande aussi par l'importance extrême de ses fonctions. C'est peut-être à cela, mon enfant, que tu n'as pas songé.

L'enfant. — En effet, grand-papa, je ne me suis jamais préoccupé de ce point. Maintenant, je suis bien désireux de connaître toute l'utilité de l'Automne. Mais voici qu'une difficulté m'arrête tout d'abord. Puisque la fleur précède et prépare le fruit, je ne comprends pas que cette saison puisse avoir plus de fruits que de fleurs.

Le grand-papa. — Tu vas le comprendre. Une des fonctions principales de l'Automne est d'achever la maturation d'un grand nombre de fruits, qui a commencé dans les autres saisons. C'est qu'en effet, de nombreuses plantes ayant fleuri en Été ou même au Printemps, n'ont pas fructifié, c'est-à-dire n'ont pas terminé leur complète évolution. L'Automne est chargé de parfaire la fructification de ces plantes, et les fruits ainsi développés lentement sont comme les ouvrages longtemps élaborés : ils durent plus que tous les autres.

L'enfant. — Vous m'aviez dit effectivement, grand-papa, que le Printemps donne plus de fleurs que de fruits, mais je n'avais pas saisi toute l'importance de cette remarque. Aujourd'hui, je vois que plusieurs de ces fleurs ne sont devenues des fruits qu'en Été, comme aussi la floraison de plusieurs autres plantes s'est faite en Été, tandis que leur fructification ne s'accomplit qu'en Automne.

Le grand-papa. — Mais comprends-tu bien l'importance du double caractère qui distingue les fruits de l'Automne ?

L'enfant. — Quel est donc ce double caractère ?

Le grand-papa. — Les fruits de l'Automne sont très-abondants et se conservent mieux que tous les autres.

L'enfant. — Je crains de perdre beaucoup de temps à chercher la raison de ce fait bien remarquable.

Le grand-papa. — C'est que l'Automne ne doit pas seulement nous fournir des fruits pour son propre compte, mais encore nous en tenir en réserve pour tout l'hiver.

L'enfant. — C'est juste, grand-papa; mais vous voyez qu'un rien m'embarrasse et me fait hésiter.

Le grand-papa. — Dans le doute, mon enfant, il est sage de s'abstenir; mieux vaut un silence absolu qu'une parole hasardée. Toutefois, pour exercer ton jugement, qui se fortifie de jour en jour, je vais encore te proposer une question.

L'enfant. — Votre bienveillance me tient compte du grand désir que j'ai de m'instruire; je tâcherai donc de résoudre la question, dussé-je vous laisser voir toute mon ignorance sur les choses les plus simples.

Le grand-papa. — Une fonction essentielle de l'Automne est de graduer la transition de l'Été, qui le précède, à l'Hiver, qui le suit. Il passe, en effet, de l'une à l'autre saison par degrés successifs, et sous le double rapport à la fois de la lumière et de la chaleur. Quelque temps encore le soleil conserve une certaine intensité et se maintient assez longtemps sur l'horizon;

l'homme des champs en profite pour opérer ses labours et ses semis. Mais peu à peu les rayons solaires s'affaiblissent, le jour s'abrège, les brumes altèrent la transparence de l'air et l'atmosphère s'encombre de brouillards et même de nuages. Eh bien, mon enfant, comprends-tu d'où provient, en Automne, le décroissement successif de la température et du jour?

L'enfant. — Puisque les deux phénomènes de lumière et de chaleur, qui s'accompagnent toujours, marchent ici en sens inverse de ce que nous avons vu dans le Printemps, j'espère ne pas me tromper en disant : Au Printemps, la progression de la température est croissante, parce que les rayons du soleil deviennent de moins en moins obliques et se maintiennent de plus en plus sur l'horizon; tandis qu'en Automne, la progression est décroissante, parce que les rayons deviennent de plus en plus obliques et se maintiennent de moins en moins sur l'horizon.

Le grand-papa. — Je vois, par ta réponse, que tu as parfaitement saisi la fonction inverse du

Printemps et de l'Automne ; le Printemps marquant le passage entre l'Hiver et l'Été, l'Automne au contraire marquant le passage entre l'Été et l'Hiver.

L'enfant. — Grand-papa, vous venez de prononcer deux mots dont je n'ai pas une idée bien nette. Je serais fort embarrassé de dire ce que c'est qu'un nuage, ce que c'est qu'un brouillard, et bien souvent je me suis demandé comment un aréostat peut traverser, comme on le dit, les nuages sans s'y noyer.

Le grand-papa. — Tu vas bientôt reconnaître que la différence entre le nuage et le brouillard n'est pas bien grande, et tu devras conclure que l'aéronaute qui traverse un nuage est à peu près comme la personne qui traverse un brouillard. Seulement il est nécessaire que je procède avec méthode et que tu me suives avec attention.

L'enfant. — Mon oreille est suspendue à vos lèvres, grand-papa.

Le grand-papa. — L'air contient toujours plus ou moins de vapeur d'eau : beaucoup, quand il est chaud ; peu, lorsqu'il est froid. Dans l'un et l'autre cas, on dit qu'il est saturé de vapeur, s'il contient toute celle que comporte sa température ; on dit qu'il est humide, s'il ne peut plus conserver à l'état gazeux celle qui s'y trouve en suspension. L'humidité de l'air dépend donc essentiellement de sa température : il peut être sec, en effet, avec la même quantité de vapeur qui le rendrait humide s'il était froid.

L'enfant. — J'aurais cru, grand-papa, que l'humidité de l'air devait dépendre seulement de la quantité de vapeur qu'il tient en suspension.

Le grand-papa. — C'est une erreur. Ainsi, prenons pour exemple l'air de Paris, qui contient ordinairement une moyenne proportion de vapeur , c'est-à-dire la moitié de celle qui serait nécessaire pour le saturer. Eh bien, cet air, transporté brusquement à Naples, y serait sec, tandis qu'il serait humide à Saint-Pétersbourg. Généralisons cette vérité. Dans les pays chauds, l'air contient beaucoup plus de vapeur d'eau que dans les pays froids; et, dans le même pays, l'air contient beaucoup plus de vapeur en Été qu'en Hiver. C'est à la présence de cette vapeur que l'atmosphère doit sa couleur azurée, qui repose la vue quand nous contemplons le ciel ; comme aussi, pour reposer nos yeux sur l'horizon, la Providence habille de vert toutes les plantes.

L'enfant. — La science rencontre donc partout le doigt de la Providence ?

Le grand-papa. — Oui, mon enfant, et toujours manifesté par un bienfait. Maintenant te voilà suffisamment préparé par ces notions préliminaires, et je puis te proposer cette question : Quand l'air est saturé de vapeur, que doit-il se passer par le moindre abaissement de température ?

L'enfant. — Je ne sais, grand-papa ; mais, d'après ce que vous m'avez dit, il ne peut plus retenir à l'état gazeux toute la vapeur qui le sature.

Le grand-papa. — C'est bien. En effet, une partie de la vapeur se liquéfie en globules d'une extrême petitesse. Ces globules sont assez légers pour flotter dans l'air comme la poussière des champs ; mais, comme la poussière aussi, ces globules troublent la transparence de l'air et tendent à descendre. L'ensemble de ces globules, très-distants les uns des autres, forme un nuage. Si le refroidissement n'augmente pas, et si l'air est assez calme, le nuage descend peu à peu jusqu'à la surface du sol : c'est alors comme un véritable brouillard. Si le refroidissement augmente, les globules se réunissent en gouttes d'eau qui tombent par leur propre poids : c'est la pluie. Enfin, si le refroidissement s'exagère, tandis que le nuage est encore à une assez grande hauteur, la pluie se solidifie : c'est alors la neige, qui tombe en flocons.

L'enfant. — Ainsi, le nuage et le brouillard ne diffèrent qu'en ce que le nuage est en **haut**, tandis que le brouillard est en bas.

Le grand-papa. — L'un et l'autre, en effet, sont un amas de globules très-petits, et tous les deux résultent d'un abaissement de température; mais le nuage se forme toujours dans les couches élevées de l'atmosphère, tandis que le brouillard, qui dérive rarement d'un nuage, se dégage plus souvent de la surface même du sol.

L'enfant. — J'ai suivi très-facilement les passages successifs : de la vapeur, à l'état de nuage; du nuage, à l'état de pluie; de la pluie, à l'état de neige. Je comprends, en effet, que par un froid progressif, la vapeur d'eau devient liquide d'abord, et puis solide. Mais je cherche d'où peut venir le froid qui surprend ainsi dans l'air cette vapeur.

Le grand-papa. — C'est le vent qui porte lui-même le froid, ou bien qui le détermine, selon les circonstances. Le développement complet de cette question trouvera mieux sa place, plus tard, dans l'étude spéciale de l'air. Pour le moment, je ne te citerai qu'un fait qui terminera ce que j'avais à te dire du brouillard. Nous avons vu que le nuage peut former un brouillard, s'il descend peu à peu, sans se liquéfier, jusqu'à la surface du sol. Mais, t'ai-je dit, le plus souvent le brouillard se forme à cette surface elle-même, et le moindre mouvement de l'air va suffire pour le faire naître. Regardons, par exemple, ce qui se passe sur un lac, sur une rivière. La physique nous enseigne que, de deux corps donnés, celui qui s'échauffe moins vite se refroidit aussi plus lentement. Or, sous le même rayon de soleil, l'eau s'échauffant plus lentement que le sol se refroidit aussi moins vite. Donc, au matin, lorsque le refroidissement nocturne a produit son effet, la température du lac est sensiblement plus élevée que celle du sol ; par conséquent, l'air qui repose sur l'eau se charge de vapeur plus que l'air qui repose sur les bords du lac. Mais, quand deux atmosphères à température différente sont en présence, il y a transport de l'atmosphère froide vers l'atmosphère chaude; donc un petit courant aérien va s'établir de tous les bords vers le lac et refroidir l'air qui repose sur l'eau. Cet air, qui était saturé de vapeur, ne peut plus la conserver à l'état gazeux, c'est-à-dire invisible ; la vapeur se condense donc en petits globules qui troublent la transparence de l'air et forment un brouillard plus ou moins épais, selon que l'air contenait plus ou moins de vapeur. Le brouillard provient aussi très-souvent du sol lui-même ; il est produit alors par la différence entre la température du sol et celle de l'air. En effet, si le sol, assez humide, est plus chaud que l'air, la vapeur qui s'en dégage éprouve, en s'élevant dans l'atmosphère, un abaissement de température qui la condense aussitôt en globules. C'est ainsi que notre haleine, saturée de vapeur, devient visible sous forme de petit brouillard, quand elle passe de notre bouche dans un air froid.

L'enfant. — Cette particularité de notre haleine est surtout remarquable en hiver. Grâce à vous, grand-papa, je puis maintenant m'en rendre compte.

Le grand-papa. — Notons que le brouillard est plus fréquent en Automne que dans les autres saisons, il est rare en Hiver et surtout en Été.

L'enfant. — Voilà deux faits que je n'ai jamais remarqués et qui sont encore pour moi complétement inexplicables Et d'abord, pourquoi le brouillard est-il plus rare en Hiver et surtout en Été ?

Le grand-papa. — Parce que la différence de température entre le sol et l'air n'est pas assez grande : en Hiver, ils sont presque aussi froids et, en Été, presque aussi chauds l'un que l'autre.

L'enfant. — Mais pourquoi donc le brouillard est-il plus fréquent en Automne qu'au Printemps?

Le grand-papa. — Parce que le sol est, en

Automne, plus chaud qu'au Printemps; et comme la température de l'air est à peu près la même dans les deux saisons, il en résulte que la différence de température entre le sol et l'air est en Automne plus grande qu'au Printemps.

L'enfant. — Je ne puis m'expliquer pourquoi le sol est plus chaud en Automne qu'au Printemps.

Le grand-papa. — Effectivement, il semble que les deux saisons devraient avoir la même température moyenne, car l'obliquité des rayons et la durée des jours se correspondent dans l'une et dans l'autre. Seulement la progression est inverse, c'est-à-dire que la première période du Printemps correspond à la dernière période de l'Automne, et la première de l'Automne correspond à la dernière du Printemps. En somme, l'Automne et le Printemps reçoivent du soleil une égale quantité de chaleur, et cependant le sol est plus chaud en Automne, parce que l'Automne ajoute à sa propre chaleur la chaleur que lui lègue l'Été.

L'enfant. — Grand-papa, je vous écoute de toute mon attention, et je vous prie d'avoir la patience de développer un peu plus cette question, que je voudrais bien comprendre.

Le grand-papa. — Le Printemps succède à l'Hiver, tandis que l'Automne succède à l'Été. Or l'Hiver, avec ses nuits longues, perd plus de chaleur qu'il n'en reçoit ; il ne doit donc laisser au Printemps qu'un sol très-refroidi. Au contraire, l'Été, avec ses longs jours, reçoit plus de chaleur qu'il n'en perd ; il doit donc laisser à l'Automne un sol plus ou moins échauffé.

L'enfant. — Merci, grand-papa ; je vois clairement que la chaleur propre de l'Automne n'est pas par elle-même supérieure à celle du Printemps, mais que le sol est cependant plus chaud de toute la chaleur qu'il retient de l'Été.

Le grand-papa. — C'est par une raison analogue que s'explique cet autre fait assez inattendu. La température la plus chaude de l'Été n'est pas dans le mois de juin, mais dans le mois de juillet, parce que juillet profite, en plus, de toute la chaleur accumulée déjà dans le sol par le mois de juin. De même le moment le plus chaud de là journée n'est pas à midi, mais vers deux heures, parce que, vers deux heures, la température résulte et de la chaleur reçue du soleil en ce moment et de la chaleur accumulée dans le sol par les rayons d'une heure et de midi. Je pense, mon enfant, que tu m'as compris.

L'enfant. — Comment pourrais-je ne -pas vous comprendre, grand-papa ? Vous avez suivi une gradation si bien ménagée, en prenant vos deux termes de comparaison, d'abord dans deux saisons différentes, puis dans une même saison, enfin dans un seul et même jour !

Le grand-papa. — N'oublions pas qu'une des fonctions de l'Automne est de graduer le passage de l'Été à l'Hiver. Sa température, d'abord assez élevée, s'abaisse successivement, quoique la terre se rapproche un peu du soleil; les rayons solaires deviennent, en effet, de plus en plus obliques et la durée de leur action diminue de plus en plus. Tu dois te rappeler l'explication que je t'ai donnée sur ce point à propos de l'Hiver, qui est la saison la plus froide, quoique la terre se soit alors le plus rapprochée du soleil.

L'enfant. — Grand-papa , je me rappelle

parfaitement votre explication, et je la résume ainsi : en Hiver, le rayon solaire est, par lui-même, plus calorifique, puisqu'il vient d'une moindre distance ; mais, en réalité, il devient moins efficace, par son extrême obliquité d'abord, et puis par l'extrême brièveté de son action.

Le grand-papa. — C'est bien, mon enfant.

L'enfant. — Mais voici la question qui m'embarrasse. Comment peut-on savoir que nous sommes tantôt plus près et tantôt plus loin du soleil, puisque le soleil est à une distance inaccessible ?

Le grand-papa. — Déjà, par un artifice de la science, nous avons pu mesurer la distance d'un nuage orageux, sans avoir besoin de nous transporter à ce nuage. Eh bien, par un autre artifice de la science, nous pouvons reconnaître que nous sommes tantôt plus près et tantôt plus loin du soleil; nous pouvons même déterminer quelle est la différence entre la plus petite distance et la distance la plus grande.

L'enfant. — Mais, grand-papa...

Le grand-papa. — L'autre jour, au Champde-Mars, tu as vu s'élever majestueusement dans l'air l'aérostat gigantesque qui s'est dérobé toutefois à nos regards, quoiqu'il n'y eût aucun écran, aucun obstacle entre nous et lui. Tu as remarqué toi-même qu'il paraissait de moins en moins grand, et bientôt de plus en plus petit. Crois-tu que le volume réel de l'aérostat ait changé?

L'enfant. — Oh! non, grand-papa, l'aérostat, pas plus que les personnes hardies qu'il emportait si haut, n'a changé de volume réel; mais il paraissait de plus en plus petit, à mesure qu'il s'éloignait, si bien qu'il a fini par n'être plus visible, quoiqu'il n'y eût pas le moindre nuage pour nous empêcher de le voir.

Le grand-papa. — C'est donc par l'effet seul de la distance que le volume apparent de l'aérostat est devenu de plus en plus petit. Eh bien, appliquons au soleil le même raisonnement. Si nous restions toujours à une égale distance de cet astre, son volume apparent resterait aussi toujours le même.

Mais le soleil nous paraît tantôt plus grand et tantôt plus petit; il est donc tantôt plus près et tantôt plus loin; et nous passons de la plus petite distance à la plus grande par des degrés insensibles, puisque le volume apparent du soleil devient par degrés successifs plus petit ; comme aussi son volume apparent devient graduellement plus grand, à mesure que nous revenons de la plus grande distance à la plus petite. C'est le 21 décembre que le soleil nous paraît avoir son plus grand volume, c'est donc l'époque où nous sommes le plus rapprochés de cet astre ; c'est au contraire le 21 juin que nous en sommes le plus éloignés, puisqu'à cette époque le soleil nous paraît avoir son plus petit volume. Ainsi, du 21 décembre au 21 juin, le volume apparent du soleil diminue, parce que sa distance augmente ; et, du 21 juin au 21 décembre, le volume apparent du soleil augmente, parce que sa distance diminue. Au 21 mars et au 21 septembre, le volume est le même, parce que la distance est alors égale. L'instrument avec lequel on mesure le volume apparent du soleil s'appelle micromètre. La différence entre le volume le plus grand et le volume le plus petit, indique que les distances extrêmes diffèrent d'environ un million de lieues, ce qui n'est que $\frac{1}{38}$, puisque la distance moyenne du soleil est d'environ 38 millions de lieues.

L'enfant. — Il me tarde bien, grand-papa, d'être assez instruit pour aborder les questions astronomiques.

Le grand-papa. — Ce jour viendra, mon enfant ; aujourd'hui, nous avons encore une question sur laquelle un mot est nécessaire. Tu salues dans l'Automne la saison des vendanges, et tu as raison. C'est un de ses titres assurément, car le raisin est le premier de tous les fruits, comme le froment est le premier de tous les grains. Mais tu salues surtout dans l'Automne l'époque des vacances, te plaçant ainsi à un point de vue tout personnel, au point de vue de l'écolier.

L'enfant. — C'est bien naturel, grand-papa. Le repos qui couronne l'année scolaire sourit aux élèves, et je crois que les vacances sont désirables aussi pour les professeurs.

Le grand-papa. — Entre le repos et les vacances, il y a une ligne de démarcation qu'il importe bien de noter. Parlons d'abord du repos. Dieu, qui d'un mot peut tirer tout du néant, ne connaît certes ni fatigue, ni labeur. Cependant, pour nous donner en quelque sorte l'exemple et du travail et du repos, Dieu créa le monde en six jours et se reposa le septième.

L'enfant. — Ainsi le repos après le travail est bien légitime.

Le grand-papa. — Il nous est même si nécessaire, que Dieu, qui sait parfaitement quelle est la limite de nos forces, nous impose, chaque semaine, un jour de repos; et, pour ennoblir ce délassement de l'esprit et du corps, Dieu veut que le jour du repos hebdomadaire lui soit consacré, afin que l'homme, se dégageant alors des préoccupations terrestres, porte plus haut sa pensée pour réfléchir sérieusement à la noblesse de son origine et à la sublimité de sa fin. Ce jour est appelé Dimanche, c'est-à-dire jour du Seigneur, et ce repos est dit dominical, du mot latin *Dominus*, qui signifie le Seigneur.

L'enfant. — Comment se fait-il, grand-papa, que le repos dominical ne soit pas mieux observé ?

Le grand-papa. — Le prétexte le plus avouable pour motiver une telle infraction à la loi de Dieu, serait celui de l'ouvrier qui se dit dans la nécessité absolue de gagner chaque jour son pain quotidien. Mais hélas ! l'infortuné perd ainsi beaucoup plus qu'il ne gagne, car cette continuité du travail l'épuise vite et le vieillit. S'il veut donc fermer son âme à tout sentiment religieux, s'il veut offenser le Dieu qui honore le travail et le bénit, s'il veut être ingrat envers le Dieu qui lui donna l'intelligence et la santé ; du moins, qu'il écoute les remontrances de la raison. Car enfin, par un travail continu, il use avant le temps toutes ses facultés ; et, bien souvent, la maladie vient lui reprendre avec usure les jours qu'il a cru pouvoir dérober sans dommage à la loi hygiénique du repos.

L'enfant. — Grand-papa, j'ai remarqué moi-même plus d'une fois l'altération générale produitechez les enfants par un travail excessif.

Le grand-papa. — Les parents et les maîtres auront à répondre devant Dieu d'avoir oublié que les commandements divins, même ceux qui paraissent les plus durs à notre nature, n'ont cependant pour but que notre bien-être.

L'enfant. — Grand-papa, le repos dominical étant une institution divine, n'a pas besoin d'être justifié; or les vacances, qui couronnent l'année scolaire, ne sont, en réalité, qu'un plus grand repos.

Le grand-papa.— C'est précisément par leur durée que les vacances peuvent avoir un grave inconvénient, car le repos qui se prolonge, touche à l'oisiveté. On pourrait donc accuser les vacances d'être un peu trop longues, car le plaisir comme le travail doit être intermittent. Toutefois, comme il faut se préoccuper surtout des élèves laborieux, je crois que les vacances sont nécessaires pour détendre l'esprit et pour fortifier le corps. L'essentiel, c'est de les rendre utiles par des distractions agréables et instructives; c'est ce que je me propose pour les vacances prochaines. Nous irons, comme l'année dernière, dans les Pyrénées; je suis sûr qu'avec l'instruction acquise par toi, depuis lors, tu trouveras plus de charme à contempler ces montagnes immobiles, devant cette mer, qui est toujours en mouvement. Je pense aussi que tu seras frappé d'une foule de phénomènes qui, l'année dernière, échappaient à ton attention, ou bien ne lui paraissaient pas dignes d'intérêt.

L'enfant. — Surtout, grand-papa, je ne commettrai pas la faute de remarquer un fait sans vous en demander l'explication. Avant même que nous ne partions pour les Pyrénées, permettez-moi de vous soumettre une question que je me fis déjà l'an dernier, et qui m'embarrasse encore aujourd'hui.

Le grand-papa. — Je t'écoute, mon enfant.

L'enfant. — Et comment se peut-il que ces montagnes présentent à leur pied des eaux thermales et, à leur sommet, des neiges éternelles ?

Le grand-papa. — Ce contraste n'est qu'apparent, et l'explication en est facile. A la surface de la terre, nous sommes placés entre un immense foyer et une glacière immense.

L'enfant. — Mais, grand-papa, quel est donc cet immense foyer que je ne vois point, et quelle est cette glacière immense que je ne vois pas davantage ?

Le grand-papa. — Ce foyer incandescent, c'est l'intérieur même de la terre, qui est encore en fusion. La partie solidifiée, sur laquelle nous marchons, est une pellicule bien mince. Une

coquille d'œuf est trois fois plus épaisse, proportionnellement aux volumes respectifs de la terre
et de l'œuf.

L'enfant. — Je ne m'attendais pas à pareille
chose, grand-papa. Mais comment prouve-t-on
d'abord que l'intérieur de la terre est formé de
matières fondues?

Le grand-papa. — On le prouve par les
volcans. Un volcan est une sorte de cheminée,
qui met l'intérieur du globe en communication
directe avec l'atmosphère. Or les substances
qui s'écoulent par son orifice, appelé cratère,
sont incandescentes et liquides. Elles constituent
ce qui porte le nom de lave ; et, quand cette lave
est refroidie, elle devient si solide que nous ne
pouvons plus la fondre au feu le plus ardent de
nos usines. Les volcans sont ainsi comme des
soupapes de sûreté qui prêtent passage aux
matières incandescentes que la terre ne peut
plus contenir.

L'enfant. — Pourquoi la terre ne peut-elle
plus les contenir?

Le grand-papa. — L'écorce terrestre se
contracte de plus en plus par le refroidissement

séculaire. Cette contraction est minime sans doute, car le refroidissement de la terre s'effectue maintenant avec une incroyable lenteur; mais lacirconférence de la terre est de dix mille lieues et, par conséquent, une contraction minime en elle-même doit avoir un résultat assez grand pour que la terre ne puisse pas contenir les matières qui s'écoulent dans les éruptions volcaniques. Du reste, cette lave, qui forme de véritables rivières sur les flancs de la montagne n'est, en réalité, presque rien comparativement à la masse du globe : c'est beaucoup moins pour la terre que ne serait une goutte d'eau pour l'Océan.

L'enfant. — Si nous ne sommes séparés de ce foyer incandescent que par une mince pellicule, comment se fait-il que nous ne sentions pas cette chaleur?

Le grand-papa. — C'est que cette pellicule a la propriété de ne pas laisser passer la chaleur. L'exemple de ces corps qu'on appelle mauvais conducteurs du calorique est assez fréquent pour que tu en aies fait la remarque. Ainsi le fumeur ne pourrait tenir son cigare à la bouche, si le cigare était en argent; ta main, qui peut tenir par un bout une allumette, dont l'autre bout est enflammé, ne pourrait toucher une semblable tige de fer, dont le bout serait seulement rougi au feu. C'est que le tabac et le bois sont mauvais conducteurs du calorique, tandis que l'argent et le fer sont bons conducteurs; c'est-à-dire que le calorique se transmet très-facilement dans les uns et très-difficilement dans les autres.

L'enfant. — Et comment peut-on mesurer l'épaisseur de l'écorce terrestre?

Le grand-papa. — On y parvient au moyen d'une loi, sorte de fil conducteur que Dieu met entre nos mains pour nous permettre d'atteindre à des faits qui nous paraissent inaccessibles.

L'enfant. — Soyez assez bon, grand-papa, pour me faire connaître cette loi, si vous pensez que je puisse la comprendre.

Le grand-papa. — La voici, mon enfant. A mesure que l'on pénètre dans les couches de la terre, la température augmente d'environ 1 degré par 30 mètres de profondeur. Par conséquent, à 3,000 mètres, c'est-à-dire à 100 fois 30 mètres, la température est de 100 degrés, température de l'eau bouillante. A 30,000 mètres de profondeur, c'est-à-dire à 1,000 fois 30 mètres, elle est de 1,000 degrés ; enfin, à 45,000 mètres, elle est de 1,500 degrés. Or, à cette température extrême, tous les corps sont en fusion ; donc la partie solidifiée de la terre ne peut avoir plus de 45,000 mètres de profondeur, c'est-à-dire plus de 11 lieues d'épaisseur.

L'enfant. — Cette épaisseur est rassurante, ce me semble, et je ne m'attendais pas à pareil chiffre, quand vous avez comparé l'écorce terrestre à une pellicule fort mince.

Le grand-papa. — J'ai dit que cette coquille de la terre est trois fois moins épaisse qu'une coquille d'œuf ; j'ajoute que l'œuf vidé conserverait encore sa forme, tandis que la terre vidée ne pourrait conserver la sienne : sa coquille n'aurait pas assez de consistance.

L'enfant. — Mais, grand-papa, je ne puis comprendre qu'une coquille de 11 lieues d'épaisseur soit plus mince et moins résistante qu'une coquille d'œuf.

Le grand - papa. — C'est qu'il faut tenir compte des volumes respectifs de la terre et de l'œuf. Écoute-moi bien. Le rayon moyen de la terre contient 150 fois l'épaisseur de l'écorce terrestre, tandis que le rayon moyen de l'œuf ne contient que 50 fois l'épaisseur de la coquille, ou, ce qui revient au même, il faut trois cents fois l'épaisseur de l'écorce pour avoir le diamètre de la terre, tandis qu'il ne faut que cent fois l'épaisseur de la coquille pour avoir le diamètre de l'œuf. L'écorce est donc, par rapport à la terre, trois fois plus mince que la coquille par rapport à l'œuf.

L'enfant. — C'est évident, grand-papa.

Le grand-papa. — Il est un autre point ici qui pourrait encore te surprendre, c'est que la surface de la terre est beaucoup plus unie que la coquille de l'œuf.

L'enfant. — Est-il possible !

Le grand-papa. — Elle est beaucoup plus unie, et pour deux raisons : d'abord, parce que nos chaînes de montagnes sont beaucoup moins élevées que les aspérités de la coquille, et puis, parce que les montagnes n'occupent que la 70ᵉ partie de la surface du globe, tandis que les aspérités de l'œuf en couvrent toute la surface.

L'enfant. — Je comprends la seconde raison, qu'il est facile de constater; mais je ne puis· comprendre que les aspérités de l'œuf, à peine visibles, soient plus élevées que les plus hautes montagnes de la terre.

Le grand-papa. — N'oublie pas, mon enfant, qu'il faut tenir compte des volumes respectifs de la terre et de l'œuf. Eh bien, les plus hautes montagnes de la terre, dans la chaîne de l'Himalaya, ont à peu près 8,000 mètres d'altitude (2 lieues); ce n'est donc que le $\frac{1}{6}$ de l'épaisseur de l'écorce terrestre, tandis que les aspérités de l'œuf sont le $\frac{1}{3}$ de l'épaisseur de sa coquille. Donc les aspérités ont deux fois l'altitude de nos plus hautes montagnes.

L'enfant. — Grand-papa, le raisonnement est doué d'une bien étonnante puissance, puisqu'il nous fait parvenir à des résultats qui semblent inabordables !

Le grand-papa. — L'intelligence est un rayon de Dieu ; quoique bien déchue, elle manifeste encore, à certains moments, le privilége de sa céleste origine.

L'enfant. — Et maintenant, grand-papa,

quelle est cette immense glacière, dont je n'ai jamais soupçonné l'existence?

Le grand-papa. — Cette immense glacière, mon enfant, c'est l'espace, c'est-à-dire l'étendue indéfinie qui contient tous les corps : ce qui resterait, si tous les corps étaient anéantis.

L'enfant. — Ceci m'est difficile à comprendre, grand-papa.

Le grand-papa. — Je le crois, mon enfant ; car il est impossible de définir l'espace, comme il est impossible de définir le temps. Comment définir, en effet, ce qu'on ne touche que par un point. Or le volume de notre corps n'est qu'un point dans l'espace, comme l'heure de notre vie n'est qu'un point dans le temps. Mais, si nous ne pouvons définir ni l'espace ni le temps, nous avons cependant la notion certaine de l'un et de l'autre. Ainsi, le moment où le jour commence et le moment où le jour finit, sont séparés par un intervalle de durée qui n'est pas le temps sans doute, mais qui est une partie du temps; et nous mesurons cette durée. De même, le soleil et la terre sont séparés par un intervalle de distance qui n'est pas tout l'espace, mais qui en est une partie ; et nous mesurons cette distance. Eh bien, cet espace dont nous ne pouvons déterminer les limites, est une glacière qui soutirerait bien vite la chaleur fournie par le soleil, si Dieu n'avait pas donné à la terre ce vêtement invisible qu'on appelle l'atmosphère. Quand je dis que l'espace est une glacière, c'est par voie de comparaison que j'emploie cette figure ; il ne s'agit pas, en effet, d'un amas de glace, mais le résultat est le même. En réalité, la terre est en présence de l'espace comme si elle était en présence d'une glacière. Or la physique nous enseigne qu'un corps plus chaud, en présence d'un corps plus froid, lui cède une partie de sa chaleur, parce que le calorique tend à se mettre en équilibre dans tous le corps. La quantité de chaleur que la terre, qui est si petite, cède à l'espace, qui est si grand, doit être considérable ; la terre en serait même congelée, sans la merveilleuse intervention de l'atmosphère.

L'enfant. — Et pourquoi cette glacière, grand-papa ?

Le grand-papa. — Cette glacière est nécessaire, mon enfant. Sans elle, la neige ne se formerait pas au sommet des hautes montagnes, et dès lors la source des fleuves serait tarie. Or, sans la circulation de l'eau, la terre serait inhabitable. Si donc la neige est permanente au front des Pyrénées, c'est que ces montagnes ont une altitude qui les rapproche notablement de la glacière, et la déperdition de chaleur qu'elles éprouvent ainsi à leur sommet, y maintient une température toujours assez froide.

L'enfant. — Oh ! grand-papa, quel admirable enchaînement dans les phénomènes de la nature !

Le grand-papa. — Et comme la Providence, mon enfant, fait tout concourir à notre bien-être !

L'enfant. — Ah ! si je ne vous sentais fatigué par toutes les explications que vous venez de me donner avec tant de patience, je vous demanderais quelques détails sur le rôle bienfaisant de l'atmosphère.

Le grand-papa. — Les fonctions de l'atmosphère sont si nombreuses, si variées, si importantes, qu'elles doivent faire le sujet d'une leçon spéciale. Je te félicite de ton zèle, mon enfant, et surtout de ton attention. Il est des élèves qui sont curieux de connaître, mais qui ne savent pas écouter.

L'enfant. — Je serais bien coupable, grand-papa, si par mon attention toute filiale, je n'essayais pas au moins de répondre à votre affectueux dévouement ; et je serais bien ennemi de moi-même, si je me privais ainsi des connaissances utiles et agréables que vous mettez à ma disposition. Et puis, laissez-moi vous le dire, grand-papa, chaque idée que j'acquiers dans vos leçons se transforme en hommage qui monte vers Dieu, pour lui payer le double tribut, d'abord de mon admiration et puis de ma reconnaissance.

Le grand-papa. — J'éprouve moi-même une noble satisfaction, mon enfant, à voir se développer à la fois ton esprit et ton âme, tes connaissances et tes sentiments. C'est à cette harmonie supérieure de l'intelligence et du cœur que doit tendre tout enseignement. Heureux le précepteur qui dirige vers ce but tous ses soins ; plus heureux encore l'élève qui peut y parvenir !

L'enfant. — L'étude des œuvres de Dieu, ce me semble, mène naturellement à ce but ;

elle est aussi la plus attrayante de toutes les études.

Le grand-papa. — Elle est assurément de toutes la plus belle, la plus digne, la plus élevée.

FIN.

TABLE DES MATIÈRES

PARIS. — Imp. Paul Dupont, rue de Grenelle-Saint-Honoré, 45.

www.ingramcontent.com/pod-product-compliance
Lightning Source LLC
LaVergne TN
LVHW050620060726
842527LV00004B/1124